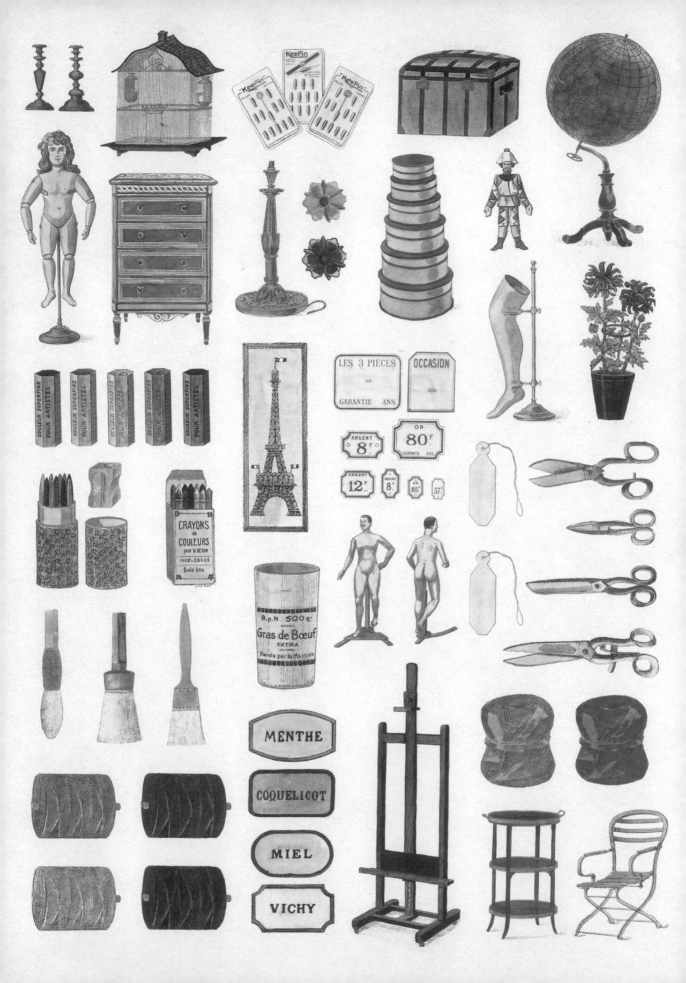

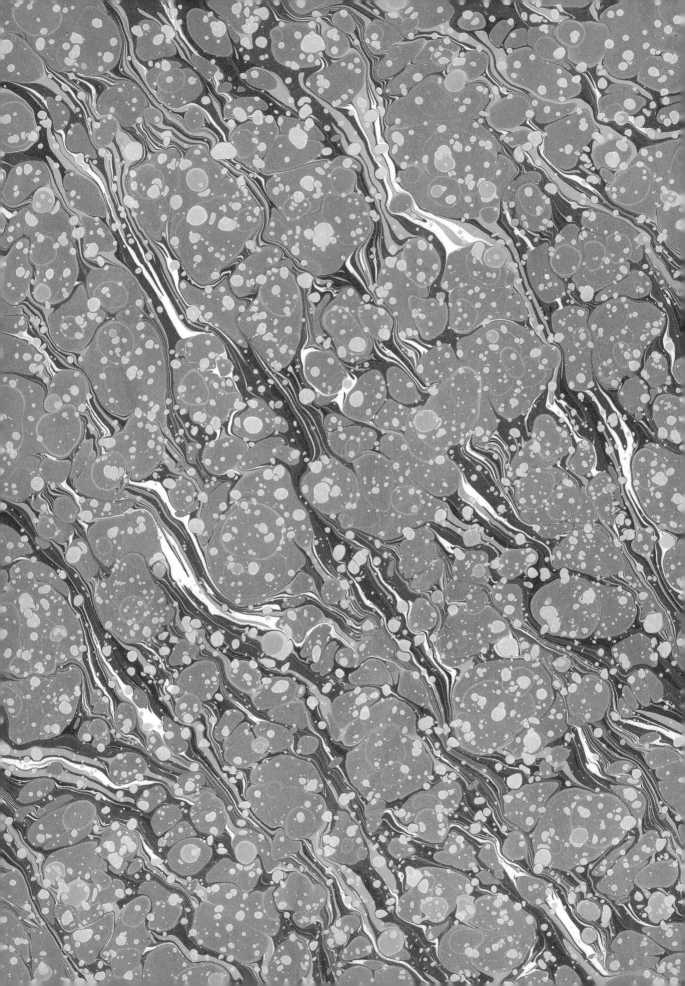

LE PARIS MERVEILLEUX

永恆的巴黎傳奇

作者──瑪翰・孟塔橘 Marin Montagut
譯者──謝珮琪

永恆的巴黎傳奇

粉彩、流蘇、礦石、古書、五金、標本、家具、草藥、種子、人偶……承載珍奇跨越世紀的百年名店

原文書名	Le Paris merveilleux de Marin Montagut: Echoppes et ateliers d'antan
作　者	瑪翰・孟塔橘（Marin Montagut）
譯　者	謝珮琪

總 編 輯	王秀婷
責任編輯	李　華
校　對	陳佳欣
版權行政	沈家心
行銷業務	陳紫晴、羅仔伶

發 行 人	涂玉雲
出　版	積木文化
	104台北市民生東路二段141號5樓
	電話：(02) 2500-7696｜傳真：(02) 2500-1953
	官方部落格：www.cubepress.com.tw
	讀者服務信箱：service_cube@hmg.com.tw
發　行	英屬蓋曼群島商家庭傳媒股份有限公司城邦分公司
	台北市民生東路二段141號2樓
	讀者服務專線：(02)25007718-9｜24小時傳真專線：(02)25001990-1
	服務時間：週一至週五09:30-12:00、13:30-17:00
	郵撥：19863813｜戶名：書虫股份有限公司
	網站：城邦讀書花園｜網址：www.cite.com.tw
香港發行所	城邦（香港）出版集團有限公司
	地址：香港九龍九龍城土瓜灣道86號順聯工業大廈6樓A室
	電話：(852) 25086231｜傳真：(852) 25789337
	E-MAIL：hkcite@biznetvigator.com
馬新發行所	城邦（馬新）出版集團 Cite（M）Sdn Bhd
	41, Jalan Radin Anum, Bandar Baru Sri Petaling, 57000 Kuala Lumpur, Malaysia.
	電話：(603) 90578822｜傳真：(603) 90576622
	電子信箱：cite@cite.com.my

內頁排版	陳佩君
製版印刷	上晴彩色印刷製版有限公司

城邦讀書花園
www.cite.com.tw

Originally published in French as *Le Paris Merveilleux de Marin Montagut: Échoppes et ateliers d'antan* © Flammarion, S.A., Paris, 2021
Traditional Chinese edition copyright: 2022 CUBE PRESS, A DIVISION OF CITE PUBLISHING LTD. All rights reserved.

© Adagp, Paris, 2021: pp. 54, 58, 60: Maurice Utrillo; pp. 168–69: Roger Bezombes, André Brasilier, Bernard Buffet, Bernard Cathelin, Marc Chagall, Constantin Terechkovitch; pp. 174–75: Maurice Brianchon, Marc Chagall, Comité Cocteau, Lennart Jirlow, Fernand Léger. p. 175: © Françoise Gilot, *Tulips and Pineapple and Watermelon*. p. 197: Serge Gainsbourg, self-portrait, 1957.

Baykul Baris Yilmaz created the marbled paper. Ludovic Balay photographed the Musée de Montmartre, Deyrolle, Ultramod, Féau & Cie, Idem Paris, Académie de la Grande Chaumière, and Produits d'Antan. Pierre Musellec photographed La Maison du Pastel, Passementerie Verrier, Musée de Minéralogie, Librairie Jousseaume, Bouclerie Poursin, Á la Providence, Soubrier, Sennelier, Herboristerie de la Place Clichy, Graineterie du Marché, and Yveline Antiques. Romain Ricard photographed the boutique Marin Montagut.

【印刷版】
2023年 11 月 28 日　初版一刷
售　價／NT$850　首刷印量1500本
ISBN 978-986-459-534-1
Printed in Taiwan.

【電子版】
2023年 11 月
ISBN 9789864595365（EPUB）

有著作權・侵害必究

國家圖書館出版品預行編目資料

永恆的巴黎傳奇：粉彩、流蘇、礦石、古書、五金、標本、家具、草藥、種子、人偶……承載珍奇跨越世紀的百年名店/瑪翰.孟塔橘(Marin Montagut)著；謝珮琪譯. -- 初版. -- 臺北市：積木文化出版：英屬蓋曼群島商家庭傳媒股份有限公司城邦分公司發行, 2023.11
　面；　公分
譯自：Le Paris merveilleux de Marin Montagut : echoppes et ateliers d'antan
ISBN 978-986-459-534-1(平裝)

1.CST: 商店 2.CST: 商品 3.CST: 零售業 4.CST: 法國巴黎

498　　　　　　　　　　　　112016562

LE PARIS MERVEILLEUX

永恆的巴黎傳奇

粉彩、流蘇、礦石、古書、五金、標本、家具、草藥、種子、人偶……
承載珍奇跨越世紀的百年名店

作者──瑪翰·孟塔橘 Marin Montagut
譯者──謝珮琪

攝影
Ludovic Balay、Pierre Musellec、Romain Ricard
插畫
Marin Montagut

積木文化

TABLE DES MATIÈRES

目次

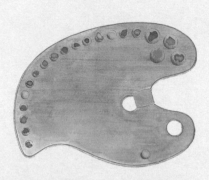

FÉAU & CIE PAGE: 138
菲歐 & 西

SOUBRIER PAGE: 152
蘇碧葉

IDEM PARIS PAGE: 164
巴黎 IDEM 印刷行

SENNELIER PAGE: 176
森內利爾美術用品店

ACADÉMIE DE LA
GRANDE CHAUMIÈRE PAGE: 188
大茅舍藝術學院

HERBORISTERIE
DE LA PLACE CLICHY PAGE: 198
克利希廣場草藥店

YVELINE ANTIQUES PAGE: 228
伊芙琳古董店

PRODUITS D' ANTAN PAGE: 210
宿昔產物

GRAINETERIE
DU MARCHÉ PAGE: 220
市場穀物商店

MARIN MONTAGUT

瑪翰‧孟塔橘百貨行

AU 48, RUE MADAME — PARIS VI^{E}

　　我在土魯斯（Toulouse）度過童年與青少年時期，盡情悠遊於賞玩美好事物的時光之中，這一切都要感謝從事古玩生意的父母，以及我的藝術家祖母。沒有任何美麗的東西能逃過我的視線，物品總會對我傾訴著前世今生。那時，我便暗暗許願，希望有朝一日能前往巴黎一探。於是，在十九歲生日過後沒多久，我終於帶著基本行囊——畫筆與水彩盒，來到了光明之城。

　　我仰望著路口藍底綠框的琺瑯質地街牌，妥妥地把這些名字印在心裡，以便未來有一天再度回訪。盧森堡公園的鐵鑄座椅、橫跨塞納河的橋梁、聖日爾曼德佩教堂的鐘樓、艾菲爾鐵塔……簡直像是生活在一張又一張的風景明信片裡。我立即領悟，我再也不要離開這個城市，永遠都不要。

　　多年來，我踏遍巴黎大街小巷，總按捺不住渴望，想窺探其隱藏的奧祕和寶藏。往往推開一扇門，就發現自己置身於散發著濃厚歷史氣息的工作室或店鋪之中，如入高深莫測的奇妙之境。在那裡，我遇見許多女人與男人，他們全都身懷祖傳手藝，謙遜地守護著珍貴的文化傳承。

　　與每一家店鋪的邂逅，都如同經歷了一段光陰靜止的年華，我想將這些感動化成文字，在書中與您分享這十九個口袋名單的獨特魅力。書中除了相片，還有我親手繪製的水彩插畫與 Mood board（情緒版），得以讓您悠然浸潤於色彩與氛圍之中，以眼代手，撫摸手工打造的物品，還能溜進一個充滿珍奇獨特事物的小宇宙中享受片刻閒情逸致。

　　這些地方之間可有任何關聯？有的，它們都保存了巴黎的靈魂。隨著一頁又一頁的閱讀，您將跨進這些隱形博物館、被淡忘的工坊和老舊商店的大門。

在克利希廣場（Place Clichy）外圍的一家草藥店，空氣中飄蕩著令人難以抗拒的草藥和植物芳香。接著追隨作家柯蕾特（Colette）和詩人考克多（Cocteau）昔日的腳步，來到薇薇安拱廊街（Galerie Vivienne），書店裡那些裝訂精美的珍稀書籍散發著無窮魔力，會讓您無法自拔。再往前走，您將跳上時光機，回到二十世紀初期，前往阿拉貢（Aragon）、曼·雷（Man Ray）或畢卡索等藝術家雲集的蒙帕納斯（Montparnasse），去探索一家印刷廠和一座繪畫學院。位於巴黎最漂亮的福斯坦堡廣場（Place Furstemberg）上的一家古董店櫥窗會讓您駐足良久，再不然，就是那家歷來專精於動物標本和昆蟲學的商號，他們近乎神話的櫥窗也定會使您流連忘返。然後，當您沿著塞納河畔漫步時，在離高等美術學院不遠的地方，隨意跨進首都巴黎最古老的美術顏料社之一，您將感動莫名，一如塞尚和竇加在他們那個時代一樣。

這些地方和這些古老的手工藝，是我每一項創作的靈感泉源。本著昔日巴黎悉心致力於藝術和手工藝的精神，我在離盧森堡公園幾步之遙的夫人街（rue Madame）開設了我的第一家鋪子，對我來說彌足珍貴。經過幾個月的尋覓物色，我好不容易地找到了一個掛毯織造工坊，有著老式的窗戶和門面。我將它徹底整頓，重新隔出三個各自獨立的空間：五金用品區、小客廳、工作室。我很依戀舊物，所以留下原先的地板和地磚；並安裝了來自法國南部一家老雜貨店的多格工藝收納櫃。這是為我所有的珍貴寶藏量身訂做的專屬布景！

我靈活玩弄綠色的漸層色彩，這是我最喜歡的顏色，從最淺的綠到最深的綠不一而足。以巴黎書報亭的綠，包覆著一方玻璃牆，我的工作室就藏身其後。在這裡，可以聽到鑲木地板嘎吱作響；木裝潢的香味撲鼻而來……這是一場一動也不動的旅程，倏然回到童年的仙境，一如兒時的我夢迴巴黎。

這家商店的近代風格門面上寫著：「應有盡有百貨商」。我揮灑水彩，恣意想像著日常生活中經常被忽略的物品：文具、餐具、箱盒、靠墊、圍巾，它們娓娓訴說著各自精采的故事。在我的蒙馬特工作室裡，我親手打造專屬簽名創作：以十八世紀的古籍為靈感的神祕莫測「機密書匣」（livres à secrets），以及象徵著馳騁想像力以偷得浮生半日閒的「奇蹟櫥窗」（vitrines à merveilles）。我也從旅行中帶回美麗的新發現。物色古董是從兒時即延續至今的興趣，持續與我常相左右。每一個星期，我都會為接下來的訪客增添一些奇趣小物：古典地球儀、玻璃藥罐、昆蟲盒等等。

如果這些聚集在夫人街 48 號的幸福小物也能成為您的回憶，將是我最大的喜悅……至於我在這本書中所推薦的精選地點，我希望它們能讓您樂於對巴黎另眼相看，並因此勇敢地推開其中幾扇門扉。

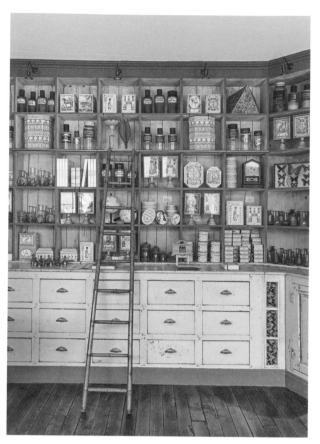

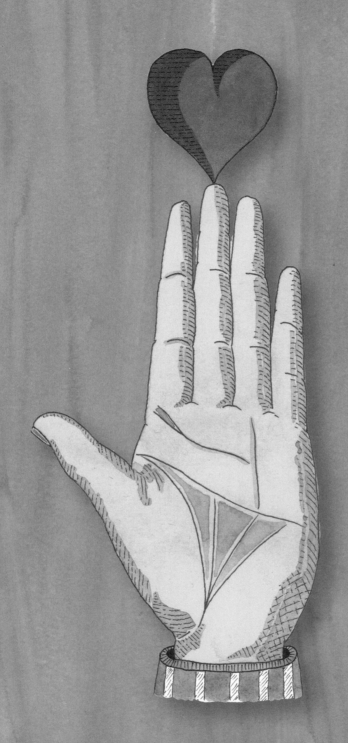

手作

MARIN MONTAGUT

AU 48 RUE MADAME À PARIS

MARCHAND D'OBJETS
EN TOUS GENRES
應有盡有百貨行

SOUVENIRS DE PARIS
FAITS À LA MAIN
手作巴黎紀念品

RÉF: 001

RÉF: 002

RÉF: 003

RÉF: 004

RÉF: 005

RÉF: 006

RÉF: 007

RÉF: 008

RÉF: 009

RÉF: 013

RÉF: 010

RÉF: 011

RÉF: 012

RÉF: 014

À QUELQUES PAS DU JARDIN DU LUXEMBOURG
離盧森堡公園咫尺之遙

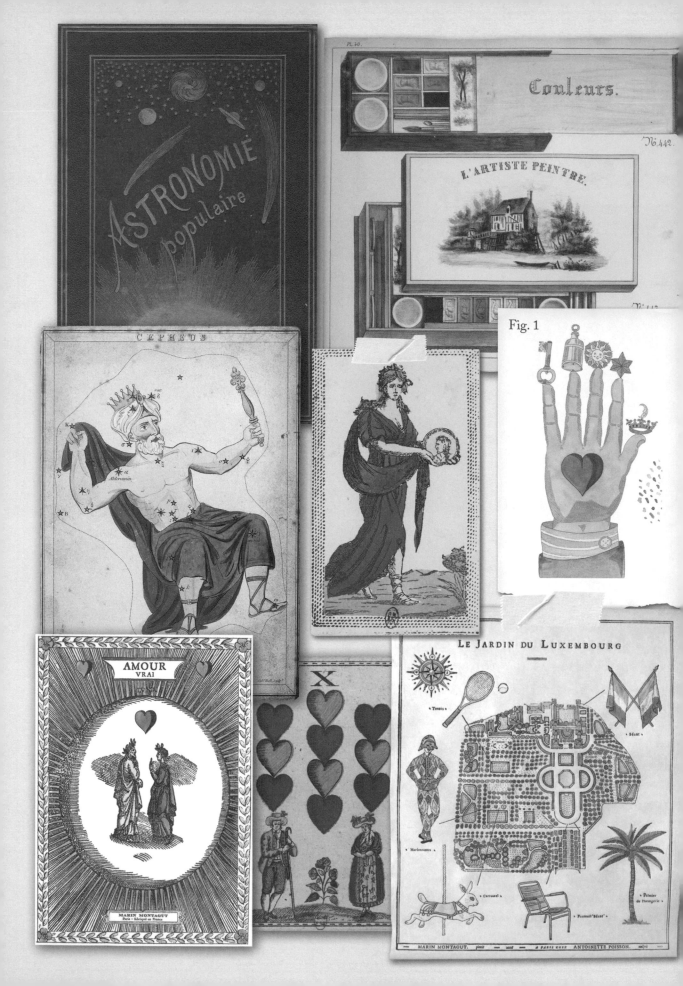

Fig. 2

Fig. 3

6ᵉ Arrᵗ

RUE
MADAME

Register.

MARQUIS DE ROCHEGUDE
PROMENADES
dans TOUTES les
Rues de Paris
PAR ARRONDISSEMENTS
6ᵉ ARRONDISSEMENT

NUIT.

AMOUR
AMOUR
PARIS

MARIN MONTAGUT
SOUVENIRS
DE PARIS
FAITS
À LA MAIN
MARCHAND
D'OBJETS
EN TOUS
GENRES
À PARIS
48 RUE MADAME

LA MAISON DU PASTEL

粉彩之家

AU 20, RUE RAMBUTEAU — PARIS IIIE

這家小巧玲瓏的店鋪位於石磚地庭院的盡頭，推開店門，您會發現自己彷彿瞬間回到過去，置身於一個自 1870 年以來即不斷生產粉彩的家族企業歷史長河之中。當時，身為藥劑師、生物學家和化學家，同時也是繪畫愛好者的亨利·侯榭（Henri Roché），決定接手一家誕生於十八世紀的著名品牌工作室，拉圖爾（Quentin de La Tour）、夏丹（Chardin）以及後來的竇加等偉大藝術家都是該品牌的常客。亨利·侯榭發揮科學技術專長，研發了新的生產工藝，製作出色彩飽滿鮮豔的粉彩條，令畫家們愛不釋手。他的行動和訣竅代代相傳。直至今天，公司仍然由其家族後代侯榭女士掌管經營。

伊莎貝拉·侯榭（Isabelle Roché）和她的年輕美國合夥人，藝術家瑪格麗特·翟葉（Margaret Zayer），竭誠歡迎訪客光臨她們的小店，這裡一百五十年來始終如昔，沒有任何變動。超過一千六百多種的色彩分裝在幾百個箱盒之中，將貨架塞得滿滿當當。所有顏色都貼著手工標籤，曙光紫與鴿子灰、焦褐赭、苔蘚綠及蚜蟲綠排排站：每個名字都是一首袖珍詩……

伊莎貝拉和瑪格麗特在鄉下安置了一個生產粉彩的工坊。就像食譜一樣，生產粉彩也需要時間、細心，並尊重各種成分的比例。仔細秤量粉末狀的顏料，並加入清水和黏著劑。再利用研磨程序讓顏料糊紋理更形細緻，然後加入不同比例的白色顏料，製作不同的色彩層次。接著用擠壓的方式去除多餘的水分，用手捲好、切割，最後進行乾燥。

每根手工塑造的粉彩條上都不可思議地留下手指的痕跡。即使在幾十年後，伊莎貝拉仍能認出是她的表兄弟或是瑪格麗特的手痕，旁邊還有家族印記：代表 Roché 的「ROC」鋼印。

2611　ROUGE GRENAT　R
2721　Rouge windsor　G
2721　Vieux rose　G

6541　Tert dorée　B
6561　Tert douce　E

6521　Terre verte　B
651-T　verte E

8341　Violet Intense
8361　Pourpre Impérial
8411　Violet Ara
8751　Caput Mortuum
8781　Violet Brûlé
4411　Ocre Citron

8521　Lie de Vin
8541　Violet Héliotrope
8621　Violet lointain

8721　Rose Passé
8741　Violet Van Dyck
8761　Violet de Mars

8821　Violet Prune
8841　Gris Tourterelle
8861　Violet Crépuscule

9141　Noir Intense　8961　Gris Carmin clair
8981　Gris Souris
9161　Noir Velours

9249　Blanc de LYS
9181　Noir Extra　9239　Blanc Intense
9121　Noir bleu

8881　Violet Horizon
8921　Teinte neutre
8941　Gris de Laque

L 7331 BLEU OUTREMER

粉彩條放在裝飾藝術風格的美麗紙質筆筒中，見證一百五十多年的精湛技藝。

orangé clair

orangé brillant

rangé foncé

Pise

Avignon

clair

ngé

mium

une

e d'Or

e Citron

Canari

5271 Vert au Violet

5291 Vert Orangé

5261 Vert au Rouge

5391 Vert Algue

5411 Vert doré

5431 Vert Pomme

LA MAISON DU PASTEL

PARIS

H. ROCHE

PASTELS-ROCHÉ

BOITES COMPOSEES
ET DETAIL

EN VENTE ICI

PASTELS
粉彩

TENDRES ET DEMI-DURS
軟式與硬式

A LA GERBE

S. MACLE

PARIS

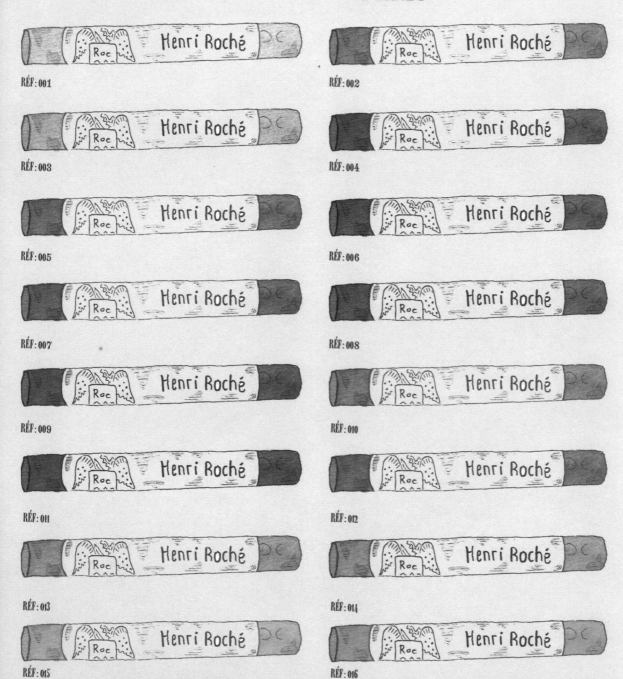

RÉF: 001

RÉF: 002

RÉF: 003

RÉF: 004

RÉF: 005

RÉF: 006

RÉF: 007

RÉF: 008

RÉF: 009

RÉF: 010

RÉF: 011

RÉF: 012

RÉF: 013

RÉF: 014

RÉF: 015

RÉF: 016

N.B — Les teintes marquées d'une Astérisque se font seules en crayons demi-durs.

（備註：帶有星號標記的色調只以半軟石墨製作）

PASSEMENTERIE VERRIER
維希葉流蘇飾帶工廠

AU 10, RUE ORFILA — PARIS XXE

　　昔日巴黎的第二十區是許多流蘇飾帶工廠的所在地。自1901年以來即座落於奧菲拉街（rue Orfila）的維希葉（Verrier）之家，離拉雪茲神父公墓（Cimetière du Père-Lachaise）不遠，是一個巋然獨存的舊時代見證。在那個黃金時代，家具和服裝都用這些由絲線、棉線、羊毛線或金屬線製成的流蘇飾帶來畫龍點睛，而我們今時今日正在重新發現其魅力所在。

　　在這裡，祖傳的專業知識和數百年的古老技法依然當道，記憶並未隨著時間而煙消雲散。在這個大型的工作室當中，仍然可以使用十九世紀的雅卡爾（Jacquard）木製織布機製作三百多種飾帶。這款以其發明者名字為名的織布機，百年來忠實地依循打孔卡系統運作，各種繡線交錯的順序絕對精準，不失毫釐。

　　除了飾帶之外，其他所有產品全程手工製作。進行組裝（établisseuses）與最後潤飾（enjoliveuses）的女員工均擁有無與倫比的靈巧金手指，她們從一箱箱的彩色繡線中抽出線頭，精心製作出數以百計的繫繩、束帶、飾以流暢或螺旋風格流蘇的裝飾絨球，還有用來裝飾床頭板、吊掛帷幔或點綴坐墊的金銀線圓形花邊。

　　2018年，安·昂格丹（Anne Anquetin）決心接手管理這家非比尋常的企業。她引以為豪的成就，是能根據客戶的要求重現昔日的經典款式，並同時創造出屬於未來的流蘇飾帶。她的當代風格作品以木材、皮革、玻璃和羽毛來取代傳統材料，已成為知名裝潢設計師們搶購的熱門商品。

FABRIQUE DE PASSEMENTERIE D'AMEUBLEMENT

家具飾帶工廠

G. L. VERRIER FRERES & Cie

Société à Responsabilité Limitée au Capital de 10.000 Frs

資金一萬法郎有限公司

10, Rue Orfila - PARIS-XXe

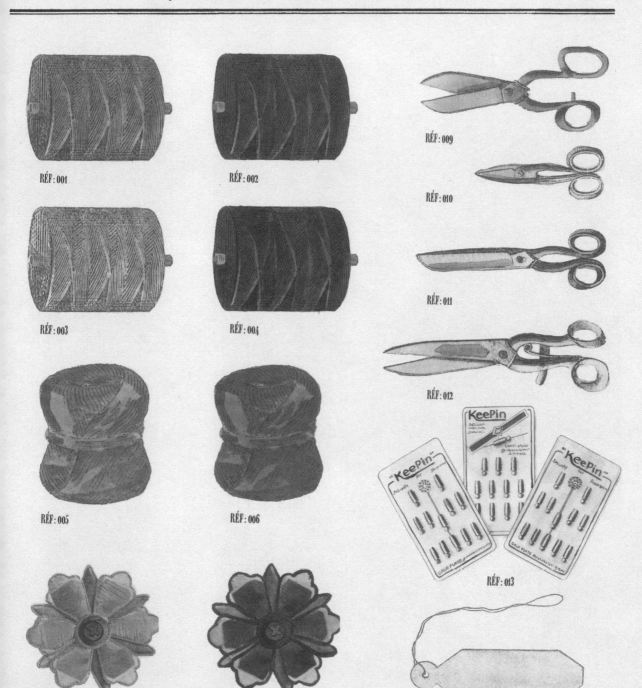

RÉF: 001

RÉF: 002

RÉF: 009

RÉF: 010

RÉF: 003

RÉF: 004

RÉF: 011

RÉF: 012

RÉF: 005

RÉF: 006

RÉF: 013

RÉF: 007

RÉF: 008

RÉF: 014

Galon N° 242

Galon N° 243

Galon N° 244 double figures

Galon N° 245

Embrasses 53 N° 246
Existe en 400

Embrasses 83 N° 247

Passementerie.

1793 1794

1795 1796

1797 1798

1799 1800

Fig. 1

Tapisserie de Haute Lisse des Gobelins.

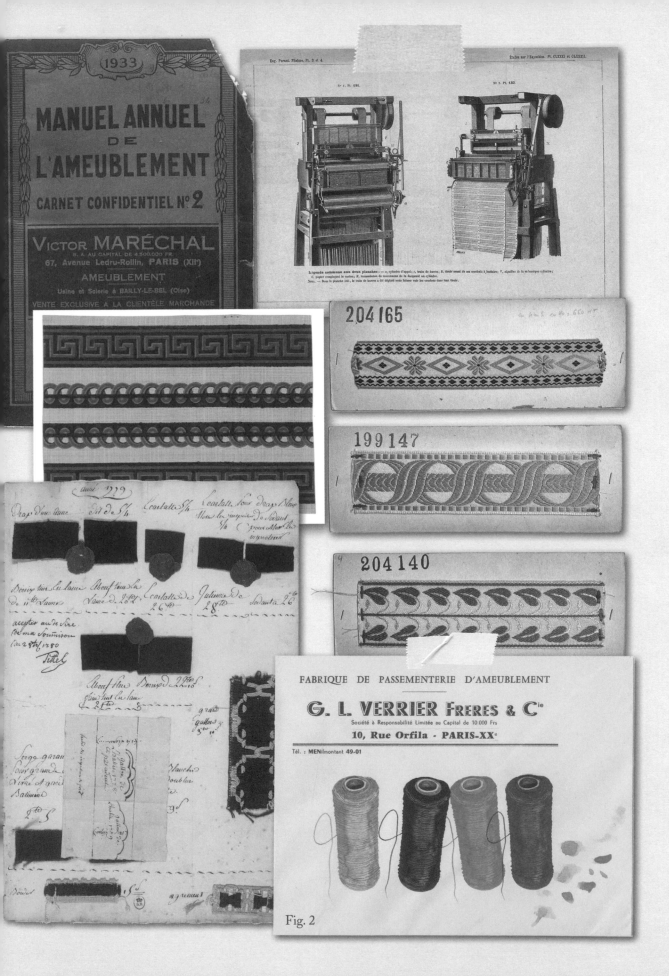

Fig. 2

MUSÉE DE MONTMARTRE
蒙馬特美術館

AU 12, RUE CORTOT — PARIS XVIIIE

　　蒙馬特美術館位於科爾托街（rue Cortot）12 號，在古老石磚街道的另一端，娓娓述說著蒙馬特山丘昔日遍布磨坊、柳樹、田園和葡萄園的時代：其純樸的鄉村氣息令十九世紀末和二十世紀初的藝術家們趨之若鶩。雷諾瓦是最早來到美術館現址安居落戶的畫家之一。1912 年到 1926 年之間，蘇珊‧瓦拉東（Suzanne Valadon）和他的伴侶安德烈（André Utter），以及兒子莫里斯（Maurice Utrillo）住在其中一個工作室裡。

　　美麗而叛逆的畫家蘇珊，一生際遇異乎尋常。她曾是馬戲團的雜技演員，後來成為夏凡納（Puvis de Chavannes）、土魯斯－羅特列克（Toulouse-Lautrec）和雷諾瓦等畫家的模特兒，她觀察這些畫家的用筆功力並因而習得繪畫技巧，隨後在塞尚和竇加的鼓勵下開始作畫。她的風景、靜物、花束和裸體畫讓她名聞遐邇。

　　只消爬上一層樓，就能進入她那間牆上貼著花卉風格壁紙的樸實公寓和畫室。視覺設計師兼場景設計師蓋爾（Hubert Le Gall）按照蘇珊的繪畫和攝影檔案，鉅細靡遺地還原了當年的畫室場景。鑲木地板隨著腳步嘎吱作響；空氣中彌漫著松節油的氣味。人們想像著蘇珊在家人的陪伴下，在此處揮灑畫筆的情景……眼前的畫架、堆放在半空夾層上的畫框、用於取暖的小 Godin 暖爐都讓人不由得產生錯覺：這個房間視野一望無際，光線從巨大玻璃窗灑進室內，冬天的時候一定很冷吧！

　　美術館的一樓是特展廳和雷諾瓦咖啡館，周圍是階梯式花園，巴黎市區和蒙馬特葡萄園盡收眼底。春夏兩季時，小池塘裡的睡蓮盛開，棚架下的玫瑰花香四溢。

在蘇珊・瓦拉東的年代，女畫家猶如鳳毛麟角，
她的繪畫以肖像、風景和花束而享有盛名，
例如這幅玫瑰畫作。

畫架

在十九世紀之前，
大自然與風景畫家們都是在他們的工作室裡進行構圖。
可攜式折疊畫架於 1857 年左右被發明之後，
他們也能夠效法印象派畫家在戶外作畫。

場景設計師蓋爾利用四處物色來的古董物品，忠實地重現畫室在二十世紀初期與眾不同的氛圍。
蒙馬特景色的畫作是莫里斯的作品。

MATÉRIEL POUR ARTISTES

藝術家的工具

COULEURS EXTRA-FINES EN TUBES BROYÉES À L'HUILE

極細研磨油畫顏料

RÉF: 1803

RÉF: 1804

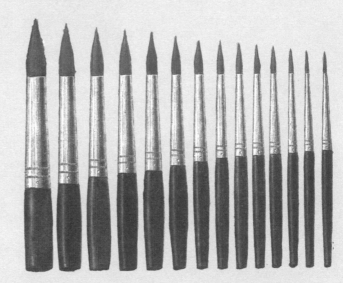

RÉF: 1805

RÉF: 1808

RÉF: 1809

RÉF: 1810

RÉF: 1811

RÉF: 1812

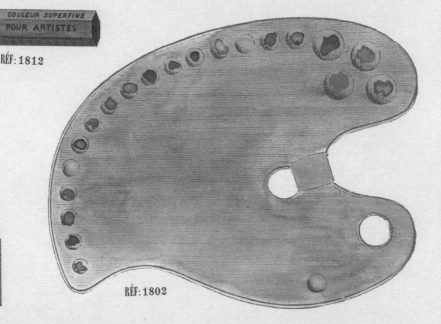

RÉF: 1802

RÉF: 1801

POUR LES DIMENSIONS ET LES QUALITÉS DIVERSES DES ARTICLES FIGURANT À CE CATALOGUE CONSULTER LE TARIF CI-JOINT.

（有關本型錄內各式商品的材質與尺寸，請參考附錄的價格表。）

L'Aide Amicale aux Artistes

Suzanne Valadon
1927

SUZANNE VALADON

VINGT-HUIT REPRODUCTIONS DE PEINTURES ET DESSINS
PRÉCÉDÉES D'UNE ÉTUDE CRITIQUE PAR

TRAPEZE, FLYING JUMP.

.W. DUKE SONS & CO.
THE LARGEST CIGARETTE
MANUFACTURERS IN THE WORLD.

Fig. 1

GEORGES MONTORGUEIL

La Vie
à Montmartre

ILLUSTRATIONS DE

PIERRE VIDAL

圖中：《蒙馬特人生》（*La Vie à Montmartre*）
圖右下與左頁中：法國畫家蘇珊·瓦拉東（Suzanne Valadon）

MUSÉE DE MINÉRALOGIE
礦物學博物館

AU 60, BOULEVARD SAINT-MICHEL — PARIS VI^E

這是一個遺世獨立的地方，只有少數內行人才知道，實屬鮮為人知的祕境。礦物學博物館創建於 1794 年，最初是一個教學中心，學生和研究人員可以來這裡瞭解石頭的世界。它位於美麗絕倫的凡登大宅（Hôtel de Vendôme）內，擁有令人嘆為觀止的礦物收藏，這些礦物分布陳列在八十公尺長的長廊上，窗外就是盧森堡公園。

展櫃和家具上擺設了數千種礦物，這些珍貴礦物來自地心深處，有些甚至來自宇宙——因為收藏品中還包括隕石，還有取自法國王室的寶石：祖母綠、黃玉石、紫水晶……當然還有其他更樸實的石頭，能讓人天馬行空地發揮想像力。有時可以辨認出一個史前雕塑、一幅抽象畫、一粒星辰、一棵樹……這個地方結合了藝術和科學，也是為了讓技術精益求精，為工業發展效命。開放科學工作者申請的檔案抽屜裡藏有近十萬件的標本。法國國家科學研究中心（CNRS）的行星地質學研究員維奧萊娜‧索特（Violaine Sautter）正是在這裡蒐集到用於 2020 火星任務雷射器的樣本！

遊客漫步在這個博物館的展廳裡，猶如經歷了一堂關於寧靜和永恆的洗禮，並且恍然想起，早在天地混沌之時，石頭就先於水與空氣存在於世了。

礦物學博物館的收藏獨步全球，入口大廳裡擺放著館藏中最備受矚目的石頭標本。
一個引人入勝的奇特世界。

LE MONT-BLANC vu du GRAMONT

MUSÉE DE MINÉRALOGIE
CURIOSITÉS MINÉRALES
珍稀礦石

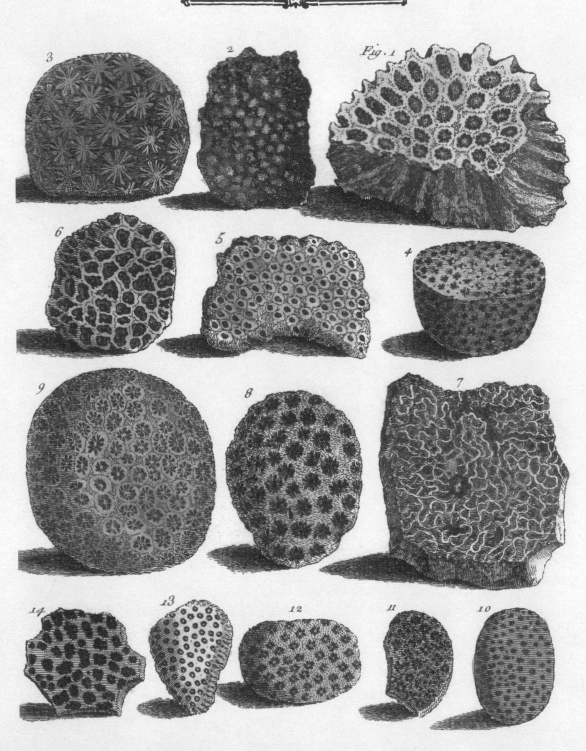

60, BOULEVARD SAINT-MICHEL — PARIS 6ᴱ

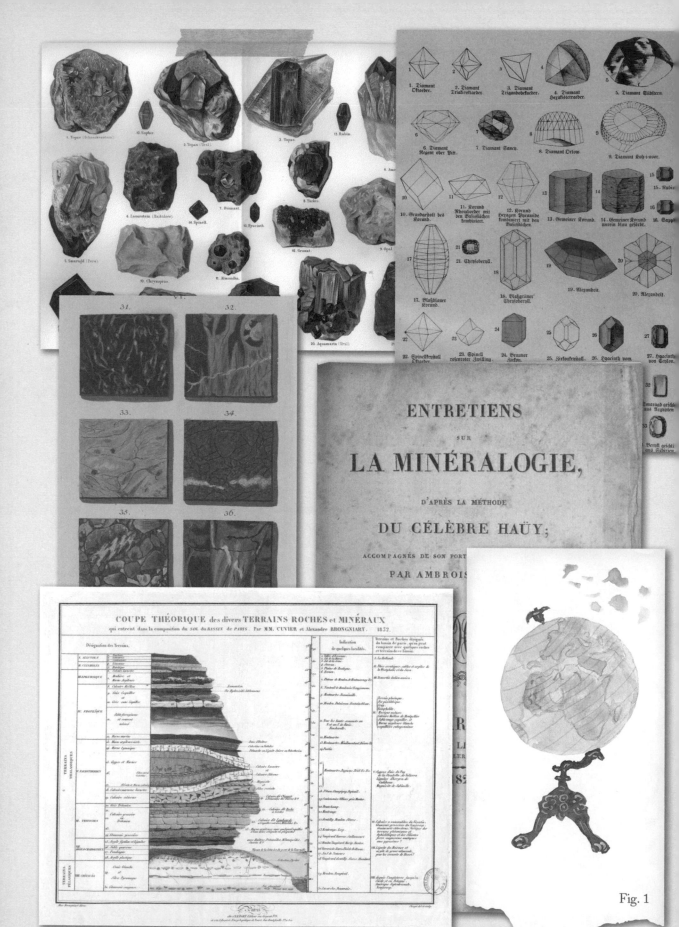

圖中：《根據阿維法則的礦物學訪談》
（Entretiens sur la minéralogie, d'après la méthode du célèbre Haüy）

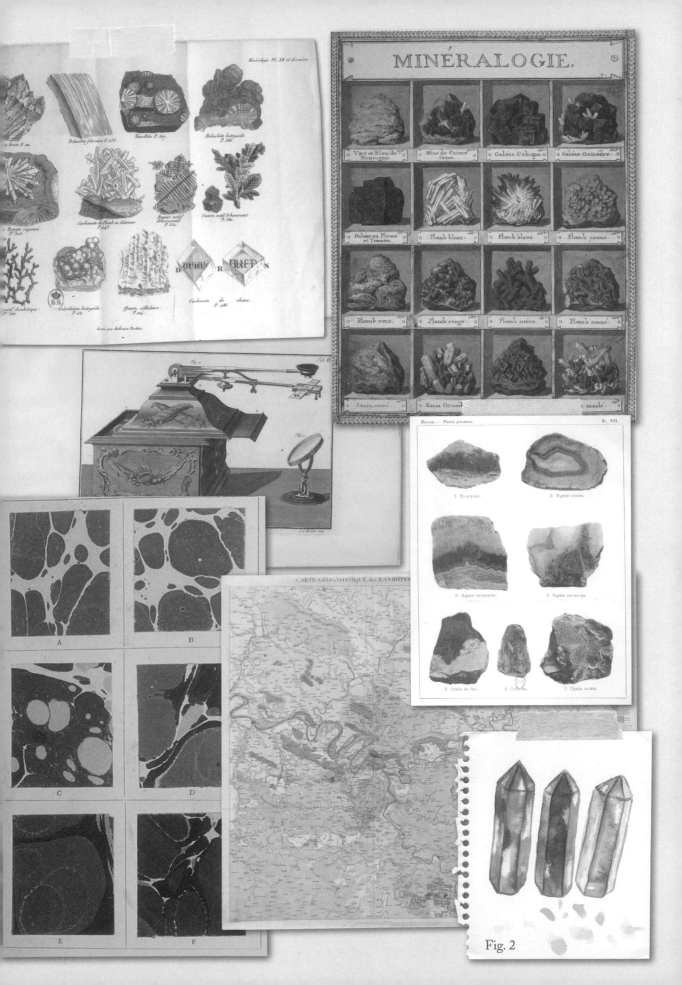

Fig. 2

LIBRAIRIE JOUSSEAUME

如淞書店

AU 45-47, GALERIE VIVIENNE — PARIS IIE

薇薇安拱廊街於 1826 年落成時，被公認是首都最漂亮的拱廊街，它的新古典主義風格裝飾、仿古馬賽克地磚、圓形屋頂和玻璃天窗讓過往行人和遊客沐浴在充足的自然光線下。

與薇薇安拱廊街同時誕生的小夕胡書店（Petit-Siroux）位於幾級階梯上方，是這個街區的代表性地標，擁有兩個面對面的店面，櫥窗上還寫著「小夕胡書店」幾個字。1890 年時，佛杭蘇瓦・如淞（François Jousseaume）的曾祖父接管了這裡的產業。這位熱愛自己職業的藏書家談及他的成長之地時，形容這個鄰近法國國家圖書館、皇家宮殿以及格蘭大道（Grands Boulevards）的地方充滿歷史氣息：「這是塞納河右岸的文化中心之一，和當時所有的拱廊街如出一轍，這裡充斥著出版商、雕刻師、印刷商以及跟我家一樣的書店。書店鄰居柯蕾特和考克托也經常來這裡散步。」

這家綜合型書店收藏了數千本古董書或近期的二手書，訪客可以在自然史、社會學、藝術史、小說和詩歌書籍之間各取所愛。仰慕亞洲文化的佛杭蘇瓦喜歡推薦他的顧客閱讀小泉八雲（Lafcadio Hearn）的短篇小說，這位一生傳奇的希臘與愛爾蘭裔作家彙集了不少日本傳統故事。至於喜愛冒險犯難的讀者，就不能錯過水手兼作家約瑟夫・康拉德（Joseph Conrad）的作品，尤其享譽文壇的《吉姆爺》（Lord Jim）。

充滿好奇心的訪客則從一個書店走到對面另一個書店，爬上通往夾層的螺旋梯，那裡有一系列令人嘆讚的平裝書收藏，甚至包括「Livre de poche」系列於 1953 年出版的第一本書：《柯尼西斯馬克》（Kœnigsmark），而且是當年的原始封面。

書籍

「如果您有幸能在年輕時待過巴黎，那麼
巴黎將一輩子跟著你，因為巴黎就像一場
流動的饗宴（*Paris est une fête*）。」
——海明威（Ernest Hemingway）

ARTICLES POUR LIBRAIRIE

如淞書店選品

JOUSSEAUME

品質超群

QUALITE EXTRA

			la douz.							la douz.	
Nᵒˢ 000	diam.	16	m/m	5	50	Nᵒˢ 2	diam.	24	m/m..	10	50
00	—	18	.	6	»	3	—	26	...	13	»
0	—	20	.	8	»	4	—	28	...	15	»
1	—	22	.	9	50	5	—	30	...	19	»

DU MONDE ENTIER

ERNEST HEMINGWAY

Paris
est une fête

TRADUIT DE L'ANGLAIS
PAR MARC SAPORTA

Fig. 1

Fig. 2

BOUCLERIE POURSIN

璞仙環扣製造廠

AU 35, RUE DES VINAIGRIERS — PARIS X^E

「充滿生機的寶藏」，璞仙環扣製造廠，是工藝界的典範。成立於 1830 年，始終屹立於「醋坊街」（rue des Vinaigriers）的原始工廠內，是巴黎境內同類型最古老的製造廠。原先是為騎兵隊生產馬鞍配件。陳列櫃裡的展示歷歷見證了製造廠一肩負起打造皇家衛隊、帝國衛隊和法國共和國衛隊馬具使命的時代。

當汽車取代馬匹之際，製造廠隨即改弦易轍，轉為製作皮革配件。但仍然獨家為共和國衛隊、索米爾黑騎兵軍官學校（Cadre noir de Saumur）、種馬場和皇室提供專屬配備，同時也是 Chanel、Hermès、LV 等精品數十年來的供應商……奢華有時藏在細節裡，例如鐫刻著 Poursin 簽名字樣的斜紋黃銅皮帶扣針。工坊的所有權人卡爾‧勒梅爾（Karl Lemaire）解釋說：「我們的產品寵愛且不傷害皮革。」他在 2016 年接手了正處於危急存亡關頭的璞仙製造廠，這位熱愛精緻工藝和法國文化傳承的人，先前也曾出手拯救過另一家知名工廠：亦即在 1928 年發明了金屬扣眼和鉚釘的鐸德（Daudé）。

在工坊方面，他堅持保留令人印象深刻的金屬衝壓機和原始鑄鐵模具。掛在牆上的工具，自成一幅栩栩如畫的風景。十九世紀末期印製的商品型錄包含了六萬多個樣本，見證著一個世紀以來的專業技藝。卡爾表示：「璞仙的過去與現在環環相扣。」在這裡，一切都按照古法製作：不管是在古董級的機器上切割和彎曲銅線，或是手工焊接和拋光程序都不例外。在一件 1830 年的老家具抽屜裡，藏著來自另一個時代的款式，就像潛入古老巴黎的歷史核心之中。

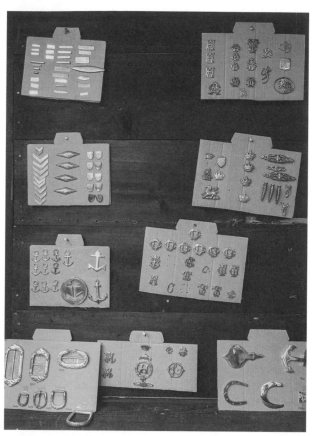

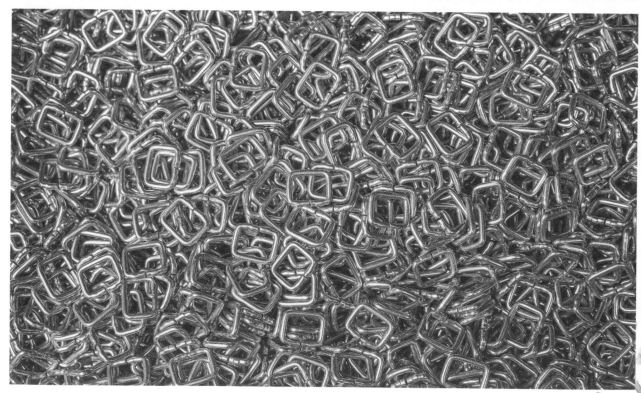

在工坊的這些機器每天製作三十萬件產品。
成批的方形環扣堆在貨箱中，等待被組裝加工。

TOUTE LA BOUCLERIE et la CUIVRERIE

各種環扣與銅製飾品

S. POURSIN

35, Rue des Vinaigriers _ PARIS (Xe) _ Nord: 17-07

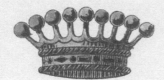

RÉF: 001

RÉF: 002

RÉF: 003

RÉF: 004

RÉF: 005

RÉF: 006

RÉF: 007

RÉF: 008

Plus de cent années de Technique ... et de belle fabrication

"Long to _rein_ over us!"

Tho'he's kicking o'er the trace,
Smites the wheeler in the face,
    Short his pranks will be:
For such hands the reins as hold –
Little, pretty, firm and bold –
    Rule even you and me!

Side-ways
Hind-ways.
graceful form.

Fig. 2

PLANCHE XV

Fig. 2.

RACES — 1. CHEVAL ARABE — 2. CHEVAL ANGLO-NORMAND.
Publie par J.B Bailliere & fils à Paris

H

P°

DEYROLLE

戴霍爾珍奇屋

戴霍爾（Deyrolle）是舉世無雙的珍奇屋，無疑也是巴黎唯一可以看到一頭驢子向母獅求愛的地方，而旁邊的白化孔雀則在離北極熊幾尺之遙的地方搔首弄姿。華麗高貴的巴西藍蝴蝶在玻璃鐘罩下振翼欲飛，龍蝦和蜘蛛蟹則如現代雕塑般的氣宇非凡。金色、青銅色和祖母綠色澤的甲蟲排列在盒子裡，就像珍貴的天然珠寶一樣閃閃動人。

戴霍爾成立於 1831 年，最初專門從事標本製作並銷售自然科學收藏品器材。1888 年時搬遷到巴克街（rue du Bac）一座昔日的私人大宅。除了收集昆蟲和動物標本之外，它還自詡負有教育使命，也出版和銷售有關動植物的掛圖及專業書籍。

2001 年，路易·阿爾貝·德·布羅利（Louis Albert de Broglie）買下了戴霍爾之家，這間享譽國際的高齡珍奇屋，以其絕世美貌和擁有十八世紀華麗木鑲板的房間氛圍，不斷吸引科學家、昆蟲學愛好者和普通遊客前來一探究竟。自 2007 年以來，路易·阿爾貝推動一系列以保護地球為主題的「Deyrolle pour l'avenir」（迎向未來的戴霍爾）掛畫印刷品，以全新面貌延續戴霍爾一貫相承的教育傳統。

然而，2008 年的凌晨，一場無情大火將昆蟲陳列櫥和九成的收藏品化為灰燼。為了避免這個神話般的地方消失，幾個大品牌和藝術家全體總動員，舉行了一場拍賣會。所籌集到的資金讓遭殃的戴霍爾之家盡可能恢復原貌，並重建收藏，重新編製舊掛圖。與以往一樣，新一代的訪客同樣臣服於其無邊魔力。

這是一個神奇的地方，來自各大洲的動物和貝殼在此相遇，
色彩和形狀蔚為奇觀。

動物標本剝製技術

剝製動物或製作標本的技藝，主要是讓死去的動物呈現充滿生命的外觀。
在戴霍爾之家，沒有任何動物是被獵殺的；牠們都是自然死亡。

Le Scar. Couronné

Fig. 6.

Le Scar. Brun.

Fig. 7.

Fig. 8.

Le Scarabé Disparate.

Fig. 5.

Le Scar. Laboureur

Le Scar. Momus.

Fig. 8 bis.

Le Scarabé Typhée.

A

Fig. 9.

B

Fig. 10.

Le Scar. Syclope.

Le Scar. Coryphée.

Le Scar. Quadridenté.

Le Scar. Lazare.

Fig. 11.

Fig. 12.

Fig. 13.

Fig. 13 bis.

Fig. 14.

Le S. Mobilicorne.

Fig. 15.

Le Scar. Stercoraire.

b   b   e   e

a

e   e

f   f

d

Le Scarabé Printanier.

Fig. 15 bis.

Fig. 16.

A   B

Fig. 18.

f   f

Fig. 17.

NAIRE

RELLES,

ACQUISITION
N°50446.

IENS ÊTRES DE LA NATURE
D'APRÈS L'ÉTAT ACTUEL D
IVEMENT A L'UTILITÉ QU'E
, L'AGRICULTURE, LE COMMERC

SUIVI D'UNE BIOGRAPHIE DES PLUS CÉLÈBRES
TES.

commerçans
i ont intérêt
res génériqu
urs usages.

s principales

iteur.

° 8.

Pfittacus.
Perroquet vert.

Pl. 120.

Fig. 2
Le Figuier bleu

Fig. 1.ro
Le Figuier verte.

Fig. 3.
Le Figuier à tête cendrée.

Fig. 4.
Le Figuier tacheté de jaune.

Histoire Naturelle, Ornithologie.

MUSÉE SCOLAIRE DEYROLLE

HISTOIRE NATURELLE
DE LA
FRANCE

7ᵉ PARTIE
MOLLUSQUES
(BIVALVES)
TUNICIERS, BRYOZOAIRES
AVEC 18 PLANCHES
PAR
ALBERT GRANGER
MEMBRE DE LA SOCIÉTÉ LINNÉENNE DE BORDEAUX

Fig. 1

23 ARTICULÉS

177	178	179	180
CÉRAMBIX	COCCINELLE	TERMITE	PUCE
181	182	183	184
COURTILIÈRE	CURUS	CIGALE	CRABE

G. EISENMENGER ET H. COUPIN

LES

SCIENCES NATURELLES

DES COURS COMPLÉMENTAIRES

ET DE L'ENSEIGNEMENT PRIMAIRE SUPÉRIEUR
BREVET ÉLÉMENTAIRE
(LES TROIS ANNÉES RÉUNIES)

PARIS

Fig. 2. L'Élan.

Fig. 1re. Le Pygargue.

Fig. 4. La Biche.

Fig. 3. Le Cerf.

Histoire Naturelle, Quadrupèdes.

Fig. 2

ULTRAMOD
超時尚縫紉用品店

AU 4, RUE DE CHOISEUL — PARIS IIE

座落於皇家宮殿（Palais-Royal）區的超時尚（Ultramod）縫紉用品店，位於昔日帽子製造商和帽子頭飾設計師的所在地，擁有近兩百年的歷史。事實上，在舒瓦瑟爾街（rue de Choiseul）的現址上，曾有過一家同名的帽子頭飾設計商店，而且早在 1832 年就開業了！後來一家縫紉用品商也在這裡販賣過去被稱為「縫紉小物」（menue mercerie）的東西：縫紉和刺繡不可或缺的琳瑯滿目配件和小飾品。曾任金融家的佛杭蘇瓦·莫涵（François Morin）心折於這些商店的歷史，在 1990 年代末買下了縫紉用品店，然後又買下了帽子頭飾設計店，並收購了舊庫存品：精緻正宗的緞帶、縫線、毛氈和女帽上的面紗、繡花飾帶、鈕扣和蕾絲花邊，這些技術在二十世紀末就已經失傳了。

如今這兩家商店面對面位於街道兩側，營業項目截然不同：一邊是縫紉用品店，另一邊是帽子和流蘇飾帶店。前者占地廣闊，是一個縫紉界的聖地。內部裝潢維持不變：一直頂到天花板的層架，一個舊型的長櫃檯，多件附抽屜的櫥櫃……

一些木製陳列架上還留著卡蒂爾－布雷松（Cartier-Bresson）的名字，這家現已倒閉的紡紗廠為著名攝影師亨利·卡蒂爾－布雷松的家族賺進不少財富……店裡充斥著往日情懷，使這個地方超脫了歲月，更引人入勝。即使人們來這裡是為了購買珍貴的絲絨緞帶、正宗的兔毛氈和已絕版的面紗，但日積月累的飾品庫存也越來越多。包括三至四萬個各種材質的鈕扣，按著顏色整齊排列，還有目不暇給的羅緞、絲帶、繡花飾帶、絲線或棉線，如彩虹般色彩繽紛，選擇之豐富令人大開眼界。

TOUT POUR LA ❋

Ultramod
MERCERIE

·

Ouvert
du Lundi au Vendredi
de 10 h à 18 h

·

*Mercerie
Traditionnelle
Rubans Anciens
Passementerie
Boutons*

MERCERIE

PEAU D'ANGE
REVERSIBLE
10 Mètres

Rhodia

Fabrication Française

10 MÈTRES

garantis

ULTRAMOD

Pon J. 23

10 Mètres fixes

No 9

Rayonne & Coton

Col

Rayonne et Coton

Fabrication Française

彩色絲線

您知道在法文裡，線軸有一個很詩意的名字叫「靈魂」（âme）嗎？
自古以來就開始使用的線軸，在過去是木頭製成的，現在則改用紙板或塑膠。
線軸的兩端都有穿孔，以利固定在支架上。

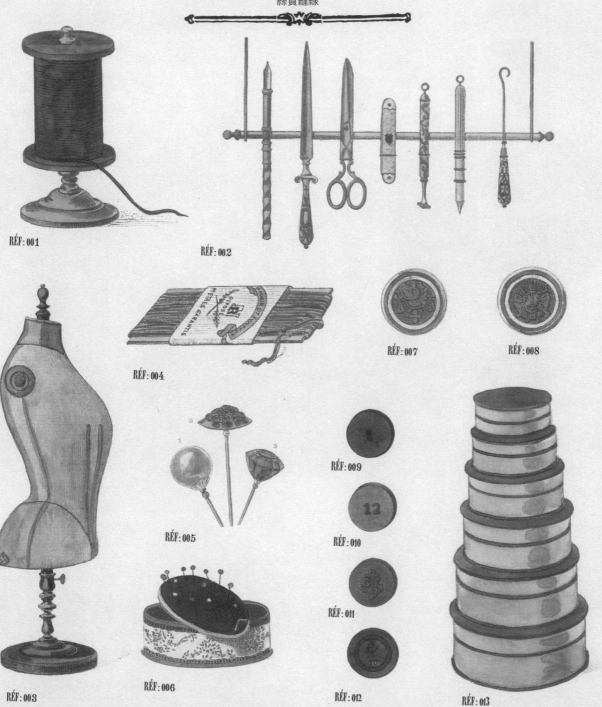

MERCERIE

縫紉用品店

— ◆ — ULTRAMOD — ◆ —

BOUTONS EN TOUT GENRE

各式鈕扣

FILS DE SOIE À COUDRE

絲質縫線

RÉF: 001

RÉF: 002

RÉF: 004

RÉF: 007

RÉF: 008

RÉF: 005

RÉF: 009

RÉF: 010

RÉF: 011

RÉF: 003

RÉF: 006

RÉF: 012

RÉF: 013

4, RUE DE CHOISEUL, PARIS 2ᴱ

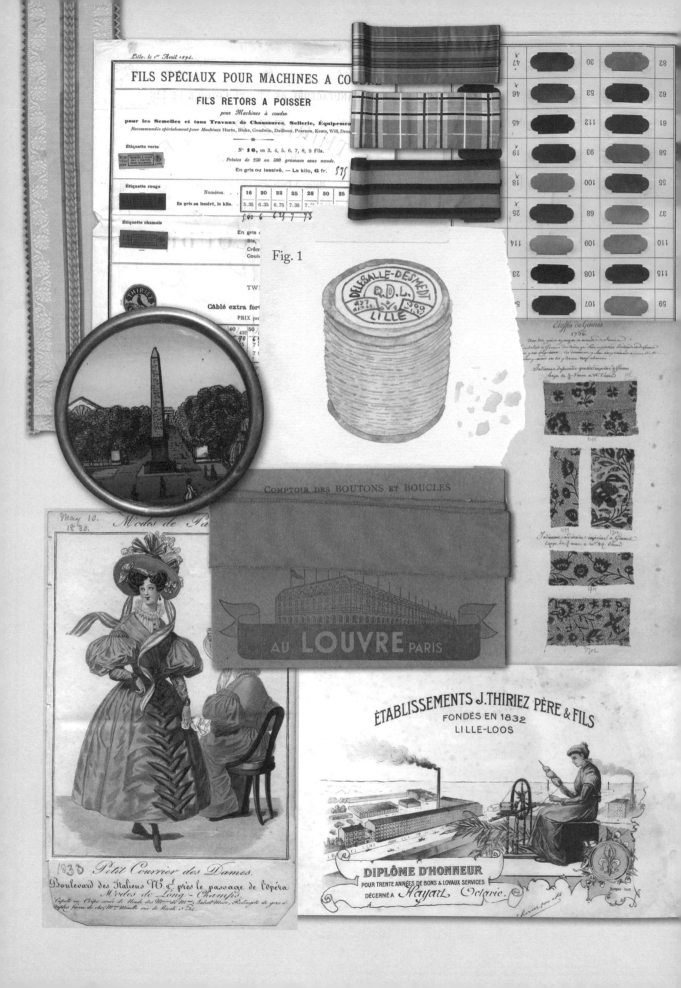

Fig. 1

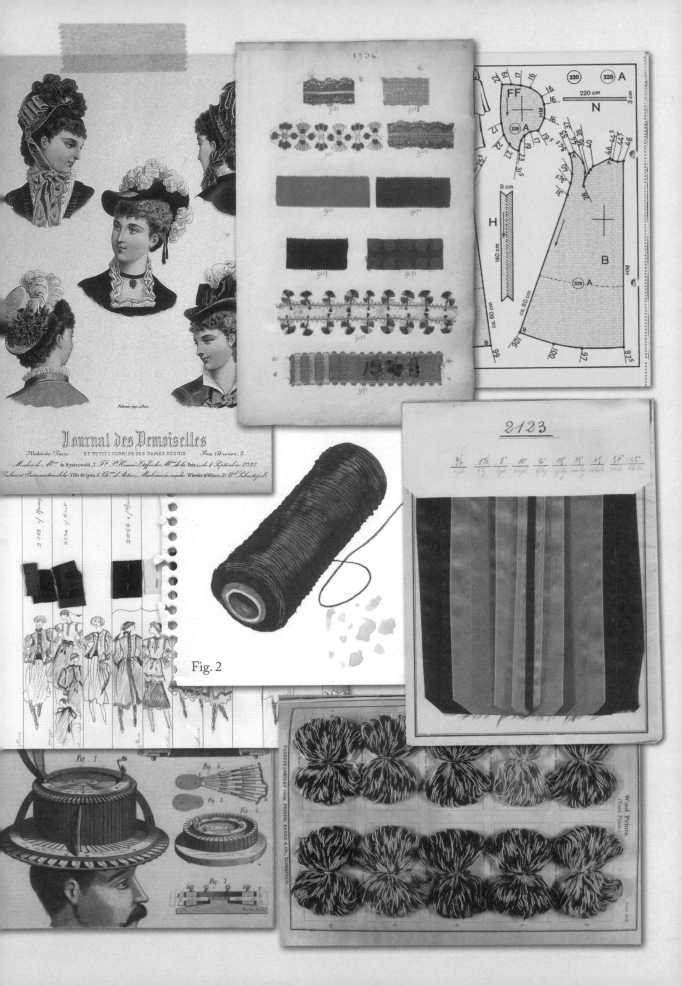

1756.

Journal des Demoiselles

Modes de Paris.   ET PETIT COURRIER DES DAMES RÉUNIS.   Rue Drouot, 2

Fig. 2

Fig. 1

Fig. 4

Fig. 3

Fig. 6

Fig. 7

2123

320   320   A

FF

A

H

B

Wool Prints.
(Yarn Prints.)

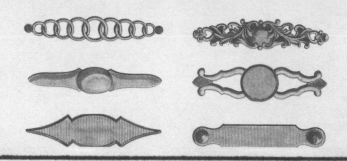

À LA PROVIDENCE —
QUINCALILLERIE LECLERCQ
天意－勒克列克五金行

AU 151, RUE DU FG SAINT-ANTOINE — PARIS XIᴱ

聖安托萬市郊區（Faubourg Saint-Antoine）在不久之前還是家具行業的集散地。天意（A la Providence）這家出類拔萃的五金行成立於 1830 年，老闆尼古拉·巴爾巴托（Nicolas Barbato）的形容擲地有聲，他說這家店帶有「聖安托萬市郊區的靈魂」，也就是昔日在此設立工坊的細木工匠、家具木工、鍍金工匠、金銀首飾工匠、銅器工匠以及上漆工匠等凝聚薈萃而成的精神。

天意五金行，或說是一間古早技藝的博物館……總之尼古拉在接手這個地方時，堅持鉅細靡遺地保留原有家具的姿態：木製櫃檯、布滿層架的牆壁、有玻璃隔板的收銀臺，以及仍然用琺瑯材質字母寫著前主人名字的門……忠於上世紀初期風格的裝飾，只簡單地清潔和整理了存放著數千份樣本的貨箱和紙箱。當顧客有特殊需求時，尼古拉就會翻開那本不可思議的商品型錄，裡面的內容完美見證著商店的古往今來，每個手工設計的配件都猶如寶石般閃亮奪目。

這間五金行吸引了來自世界各地的買家，他們來尋找在其他地方踏破鐵鞋無覓處的物品和配件，尤其是在法國製造的：從路易十三時期到 1930 年代的青銅裝飾品、帶有閃亮切面的正宗水晶樓梯扶手球、或是為貴重家具配置迷人的珍珠母貝或猛獁象牙鎖框。但也有一些經典鎖具的簡單配件：從活頁鎖到鉸鏈，從擋門器到插銷，從門閂到扁插銷，以及木製或金屬製的各種材質螺絲……

一個多世紀以來，這裡的裝潢始終不變，
一個老舊的閒置暖爐，和存放了成千上萬樣本的木製櫥櫃。

在這家工藝等級的五金店，可以買到十七世紀裝飾配件的複製品，
從一個鏤雕門把到一片精緻的櫥櫃板應有盡有。

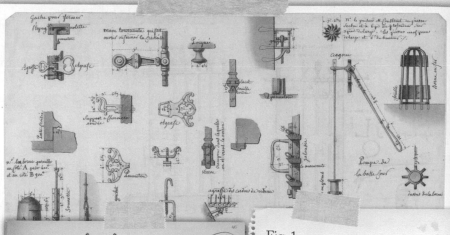

Fig. 1

A LA PROVIDENCE

QUINCAILLERIE LECLERCQ

S.A.R.L. CAPITAL 15.245 €

151, FAUBOURG SAINT-ANTOINE 75011 PARIS

DAS EMPIRE-ORNAMENT

TRAITÉ PRATIQUE
DE SERRURERIE

CONSTRUCTIONS EN FER
SERRURERIE D'ART

PAR
E. BARBEROT
ARCHITECTE

870 figures

PARIS
LIBRAIRIE POLYTECHNIQUE, BAUDRY ET Cᵉ, ÉDITEURS

NOTICE

SERRURERIE

DE PICARDIE

ABBEVILLE
TYPOGRAPHIE DE F. BRIEZ
1857

圖下：《鐵飾構造實用鐵匠指南》
（*Traité pratique de serrurerie : constructions en fer, serrurerie d'art*）

PL. 18

Tafel 6

DAS EMPIRE-ORNAMENT

Fig. 2

NEW YORK · PUBLIC · LIBRARY · INTERIOR · BRONZE · WORK ·

KEY TO JERRY'S CELL

In 1851 what is now known as the Jerry Rescue Building was called The Journal Building, and the Police Office was in it, at No. 2 Clinton Street. There Jerry was taken after his recapture.

FÉAU & CIE
菲歐 & 西

AU 9, RUE LAUGIER — PARIS XVIIE

1875 年時的特爾內（Ternes）仍是一個四面環繞田地的住宅區。企業家夏爾－富尼耶（Charles Fournier）選擇在這裡建立他的新工坊，鄰近富人和權貴居住的蒙梭平原（Plaine Monceau），他向這些人出售用來裝飾私人豪宅牆壁的古老細木製品。

1953 年，現任老闆紀悠・菲歐（Guillaume Féau）的祖父買下了該企業。菲歐家族的三代人馬都是對古董滿懷熱情的室內裝潢家，幾十年來他們不斷地前往各拍賣場，累積了無與倫比的收藏，並收置在猶如迷宮的展廳之中。展廳上方有一個與艾菲爾鐵塔一樣以玻璃及金屬建構的圓頂天棚。穿梭在這個巨大迷宮的各處，不放過任何隱密角落，就能一覽從十七世紀到二十世紀的整部法國裝潢史。

細木製品、木門、襯綴著鍍金事物或繪畫的雕刻板、錯視畫（trompe-l'œil）、還有壁爐上方的鏡子、壁爐、噴水池、石膏雕塑壁畫、圖畫和雕刻：完全是一個法國裝飾藝術文化遺產的道地生活博物館……可能是從凡爾賽宮拆卸下來的洛可可風格壁板令人嘆為觀止。還有建築師拉托（Armand-Albert Rateau）創作的柱子也使人激賞不已，這些柱子上的雛菊雕鑿得極為細膩精巧，是 1920 年時特地為浪凡（Jeanne Lanvin）的私人豪宅打造的。

1990 年代，該公司經營方針改弦易轍，幾乎不再銷售古董——除了為少數博物館、基金會或內行的收藏家服務之外。紀悠現在為各大知名室內設計師提供商品，每年合作的裝潢現場近百個。而該公司細心保存的古董家飾則被當成參考模型，由公司自己的工坊生產一模一樣的複製品，並運往世界各地的鉅富人家。

這個附有刮靴底裝置的宏偉噴泉令人嘆為觀止，
是摩納哥海水浴場協會的創始人弗朗索瓦・勃朗（François Blanc）送給女婿
拉吉維爾（Radziwiłł）王子的禮物。它是雕塑家查爾斯・柯迪耶（Charles Cordier）
和動物雕塑家奧古斯特・肯（Auguste Cain）的作品。

BOISERIES
風格壁板

FÉAU & CIE

AU 9, RUE LAUGIER
75017 PARIS

RÉF: 166

RÉF: 167

RÉF: 168

RÉF: 169

RÉF: 170

RÉF: 171

RÉF: 174

RÉF: 172

Fig.166.—Assemblage à queue-d'aronde recouverte.

Fig. 167.— Assemblage d'onglet à clef.

Fig.168.— Assemblage d'onglet à tenon et mortaise.

11. **Assemblage** d'onglet avec clef (**fig.167**).
12. — d'onglet à tenon et mortaise (**fig.168**).
13. — à enfourchement simple.
14. — à double enfourchement.
15. — d'un petit bois de croisée.
16. **Assemblage** d'un jet d'eau de croisée.
17. — d'un montant de porte avec panneau et traverse.
18. — d'un montant de porte à grand cadre avec panneau.

La collection de 18 modèles d'assemblage de menuiserie.............. 26 »
Chaque modèle séparément du n° 1 à 14.............................. 2 »
— — du n° 15 à 17.............................. 2 25
— — du n° 18.............................. 3 »

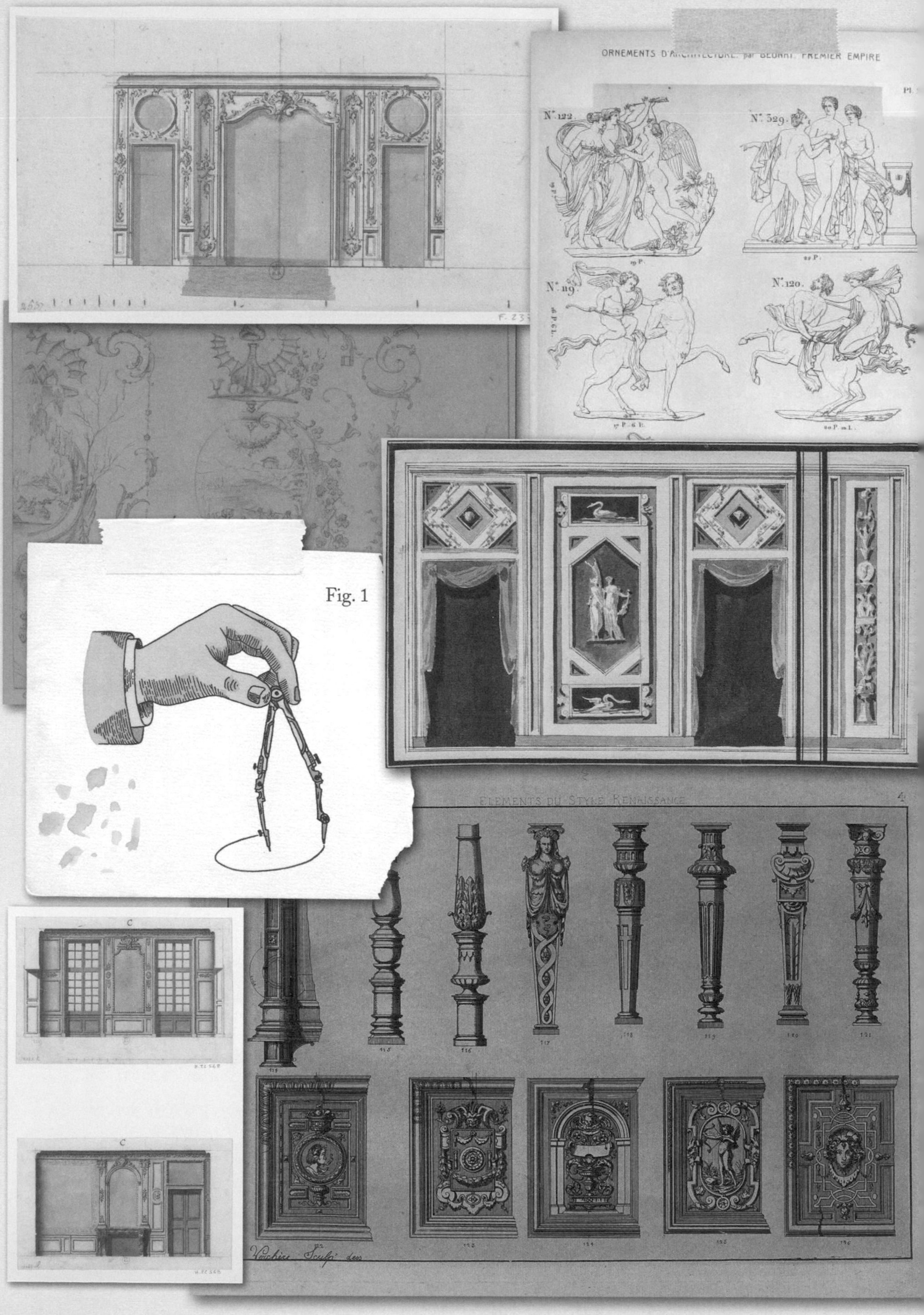

N.º 122.

N.º 329.

N.º 119.

N.º 120.

Fig. 1

ELEMENTS DU STYLE RENAISSANCE

Fig. 2

SOUBRIER
蘇碧葉

兩個多世紀以來，蘇碧葉始終屬於同一個家族！原先製作當代的家具，然後轉向銷售古董。現任主人路易·蘇碧葉（Louis Soubrier）長期在拍賣場裡盡情揮灑對古董家具和精美物品的熱愛，直到最近幾年才將這些物品賣給少數專屬貴客。他對其中一個心動不已的物品仍然念念不忘：那是一個文藝復興時期的濯手專用青銅水罐，相當壯觀，也非常罕見，而且所費不貲難以入手。但是幾年後，機緣巧合讓他如願以償，因為水罐經過重新評估之後，不只創作年代往下修訂，訂價也是！

不過，多年來蘇碧葉只從事出租的業務，而且只保留給專業人士。因此來自電影、戲劇和電視圈的室內設計師、布景師和造型師紛紛前往這個令人驚嘆不已的神祕場所。訪客穿過柵欄大門，置身於一座庭院之中，迎接他們的是兩尊守在門口的大理石獅身人面像。大宅裡面，一部 1900 年代的原始古董木製電梯在三層樓之間緩緩上下移動。

這個無可匹敵的收藏館占地三千平方公尺，分門別類精心排列，不管是拿破崙三世時期愛麗榭宮的總統辦公桌，或是裝飾著牛角的巨大巴洛克風格鏡子，甚至銅製古董潛水頭盔，都能待價而賃。奇怪的是，在所有最搶手的家具目錄當中，最常被出租的是一個 1920 年代的移動式穿衣鏡。堆積如山的古董家具、繪畫和擺設品，以及灰塵、上過蠟的木頭和陳舊紙張混合形成一種難以形容的氣味，讓人想起鄉村住所的閣樓，就像一個巨大的珍奇櫃。

家具

安樂椅（Bergère）出現在 1725 年左右，是一種具有柔和弧形線條的扶手椅。
它的椅背、軟墊扶手和柔軟的坐墊都令人渴望坐下來歇息一下。

AMEUBLEMENT

家具行

≈ SOUBRIER ≈

14, RUE DE REUILLY

PARIS

RÉF: 001

RÉF: 002

RÉF: 003

RÉF: 004

RÉF: 005

RÉF: 006

Modèle Nᵒ 55 avec 9 tiroirs pour dessins de	0.65 × 0.50				165 - »
Modèle Nᵒ 58 — —	0.85 × 0.65				280 »
Modèle Nᵒ 61 — —	1.14 × 0.80				355 »

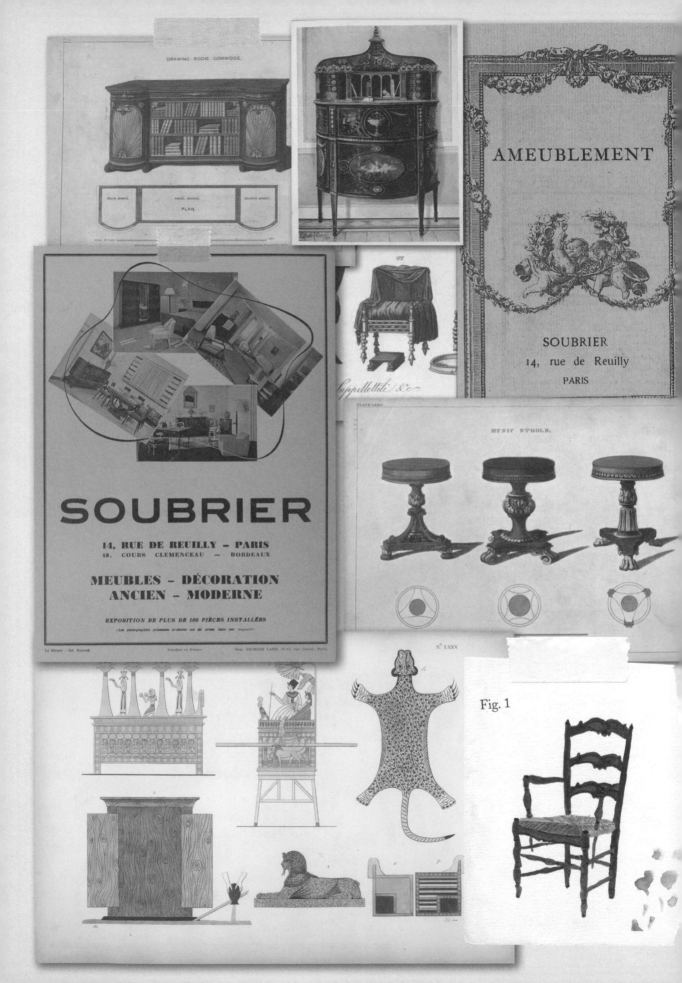

DRAWING·ROOM·COMMODE.

FOLIO BOOKS.   SMALL BOOKS.   QUARTO BOOKS.

PLAN.

AMEUBLEMENT

SOUBRIER
14, rue de Reuilly
PARIS

SOUBRIER

14, RUE DE REUILLY — PARIS
49, COURS CLEMENCEAU — BORDEAUX

MEUBLES – DÉCORATION
ANCIEN – MODERNE

EXPOSITION DE PLUS DE 100 PIÈCES INSTALLÉES

MUSIC STOOLS.

Fig. 1

MOBILIER
DÉCORATION

REVUE MENSUELLE
DES
ARTS DÉCORATIFS
APPLIQUÉS
ET DE
L'ARCHITECTURE
MODERNE

1939
2

ÉDITIONS EDMOND HONORÉ
76, AVENUE DE SUFFREN — PARIS (XVᵉ)
19ᵉ ANNÉE

France : Prix 12 fr.

ÉLÉVATIONS DE PLUSIEURS SIEGES M...

Europa Vol. III.

Suppellettile &c

Home furnishings from
Greek vase paintings

Fig. 2

AMEUBLEMENT

SOUBRIER

14, Rue de Reuilly, Paris.

PARLOUR CHAIRS.

IDEM PARIS
巴黎 IDEM 印刷行

AU 49, RUE DU MONTPARNASSE — PARIS XIVE

1881 年，在巴黎，印刷商尤金・杜弗雷諾（Eugène Dufrenoy）選了蒙帕納斯街（rue du Montparnasse）四十九號蓋了一棟建築，以便安置他的石版印刷機。隨後又擴建了第二座建築，利用一個設有玻璃屋頂的小庭院與前一座建築相連。整體表面積達一千四百平方公尺！

1930 至 1970 年代，這裡印刷過不少地圖。1976 年，馳名的穆洛（Mourlot）印刷廠遷至原址。費爾南・穆洛（Fernand Mourlot）這位擁有天縱之才的石版印刷大師曾與馬蒂斯、畢卡索、米羅、杜布菲、布拉克、夏卡爾（Marc Chagall）、賈科梅蒂（Alberto Giacometti）、雷傑（Fernand Léger）、考克托、考爾德（Calder）等偉大藝術家攜手合作。沉重的印刷石版上還留有畢卡索畫作的動人痕跡。

1997 年，巴塞洛（Miquel Barceló）、賈胡斯特（Gérard Garouste）和阿爾貝羅拉（Jean-Michel Alberola）等人的藝術編輯帕提斯・佛赫斯特（Patrice Forest）接管了印刷廠，他形容這是「一艘停泊在蒙帕納斯的巨大船艦」。他絲毫不想改變這個自 1880 年就存在的工作坊：在天花板上仍然可以看到由蒸汽機驅動的傳動軸皮帶和滑輪，而仍在服役的老式瓦翰（Voirin）石版印刷機和馬里諾尼（Marinoni）輪轉印刷機就靠這些皮帶和滑輪操作。屬於這個地方的傳奇從未止息，並且方興未艾。

如今又有新一代年輕的印刷商和當代藝術家接手經營，例如 JR，他們被工廠獨具一格的美感和氛圍，以及來自過去的巨大機器所展現的力量深深打動。導演大衛・林區（David Lynch）將其中最大的一部印刷機取了「莫比・迪克」（Moby Dick）的綽號，與小說家梅爾維爾（Melville）筆下的海怪同名。大衛・林區著迷於印刷廠和石版的魔力，在巴黎時三天兩頭就過來閒晃。他甚至和莫妮卡・貝魯奇（Monica Bellucci）在這裡拍攝了一集《雙峰》（Twin Peaks），並為 Idem Paris 製作了一部幾分鐘的黑白紀錄片。

Menton

Festival de Musique de Chambre

18 NOVEMBRE - 24 DECEMBRE 1975

Cathelin

GALERIE DE PARIS
14 Place François 1er
Peintures

GALERIE YOSHII
8 Avenue Matignon
Aquarelles

GALERIE GUIOT
18 Avenue Matignon
Lithographies
Tapisseries

E TRAVAIL

Bernard Buffet

VAN
NOUVEAU

Musée National
Message Biblique
Marc Chagall

Nice

PLACE
DU
CONCORDE

roger bezombes

France -EUROPE

GH
AUX

RIL-MAI 1960
OI DE 20 H. 30. A 23 HEURES

ANDRÉ BRASILIER

GALERIE DES CHAUDRONNIERS
10-12, RUE DES CHAUDRONNIERS · GENÈVE · 9 JUIN · 31 AOÛT 1981

IMPRIMEUR - LITHOGRAPHE

原穆洛印刷廠

IDEM

ANCIEN ÉTABLISSᵀ MOURLOT

RÉF : 001

RÉF : 002

RÉF : 003

RÉF : 005

RÉF : 006

RÉF : 007

RÉF : 008

RÉF : 009

RÉF : 004

RÉF : 010

RÉF : 011

49 RUE DU MONTPARNASSE, PARIS XIVᴱ

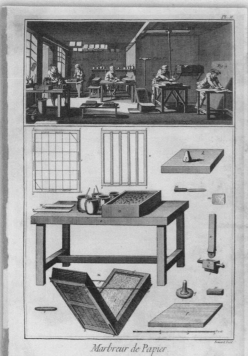

Marbreur de Papier

Imprimerie en Taille Douce, Déchargement de la Presse, 5.

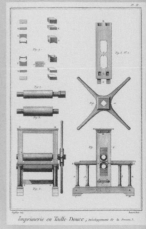

Le testament d'Orphée

Jean Cocteau

Fig. 1

L'ATELIER MOURLOT DE PARIS
lithographies des grands maîtres de l'art moderne

HOMMAGE A FERNAND MOURLOT

FERNAND MOURLOT

CHAGALL
LITHOGRAPH

1957-1962

VERLAG ANDRÉ SAURET
MONTE CARLO

HOMMAGE A FERNAND MOURLOT

圖下：《夏卡爾版畫集》（*Chagall Lithograph*）

SENNELIER
森內利爾美術用品店

AU 3, QUAI VOLTAIRE — PARIS VIIE

　　這是萬中選一的絕佳地點。森內利爾之家位於伏爾泰河堤，羅浮宮博物館的對面，原址是一個十八世紀開業的顏料商，自 1887 年之後一直屬於森內利爾家族。創始人的曾孫女索菲－森內利爾（Sophie Sennelier）向我們講述她祖父古斯塔夫‧森內利爾（Gustave Sennelier）的故事：古斯塔夫是化學家出身，後來開始為藝術家製作油畫、水彩畫和粉彩畫等所需顏料。

　　在研磨機發明之前，他自己親手在研缽中研磨顏料！塞尚建議他提供更多的色調。竇加也經常光顧這家享有盛名的商店，並在這裡訂製知名「écu」粉彩條。後來畢卡索、索妮亞（Sonia）和羅伯特‧德勞內（Robert Delaunay）夫妻、斯塔埃爾（Nicolas de Staël）也大駕光臨。而大衛‧霍克尼（David Hockney）則是現在的常客。該店的門面外牆自十九世紀以來即保持原樣。

　　店內的古老櫃檯、展示玻璃櫃和橡木家具讓這個寶庫充滿了魅力，各種油畫顏料、自製蜂蜜水彩、數百種色調的乾性或油性粉彩條、水粉畫和壓克力畫顏料、彩色墨水集聚一堂，一旁還有琳琅滿目的鉛筆、刷具、筆記本以及素描本。商品種類超過三萬五千種！樓上則是由棉紙、劍麻紙、竹紙和莎草紙形成的紙張世界。

　　這些紙張有些來自法國，有些來自其他地方——從中國到墨西哥都有，還有泰國、印度、埃及、韓國或尼泊爾——它們的紋理多半都很細緻，還夾雜著稻草、苔蘚、米粒、或珍珠母貝及珊瑚，就像那些自帶耀眼光澤的越南月光紙（papiers lune）。這裡的一切都讓人想提筆作畫，一本簡單的素描本和一盒水彩畫就足以讓您開始揮毫。

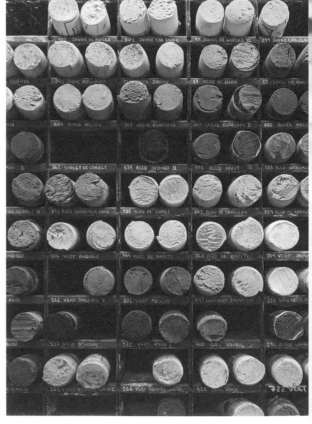

COULEURS MOITES POUR L'AQUARELLE
EXTRA SENNELIER FINES
Couleurs Su
"SENNELIER PA
POUR LA Gouc

№179

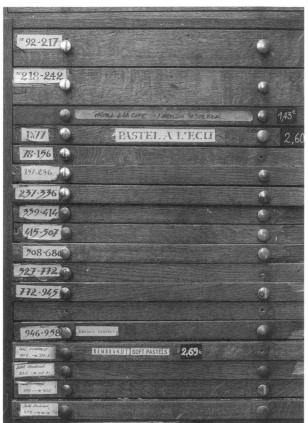

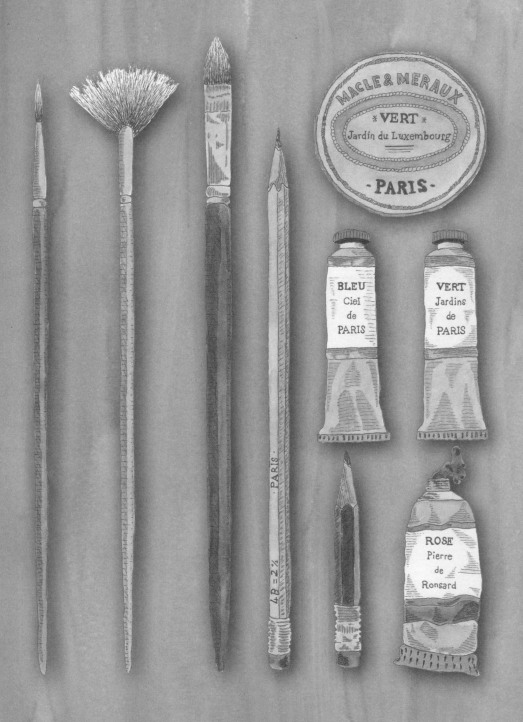

藝術家用具

1841 年，美國畫家藍德（John G. Rand）
發明了可密封的錫箔製軟管，裡面裝著現成的顏料。
實用而簡便的包裝，易於攜帶。

SENNELIER
3, Quai Voltaire
PARIS

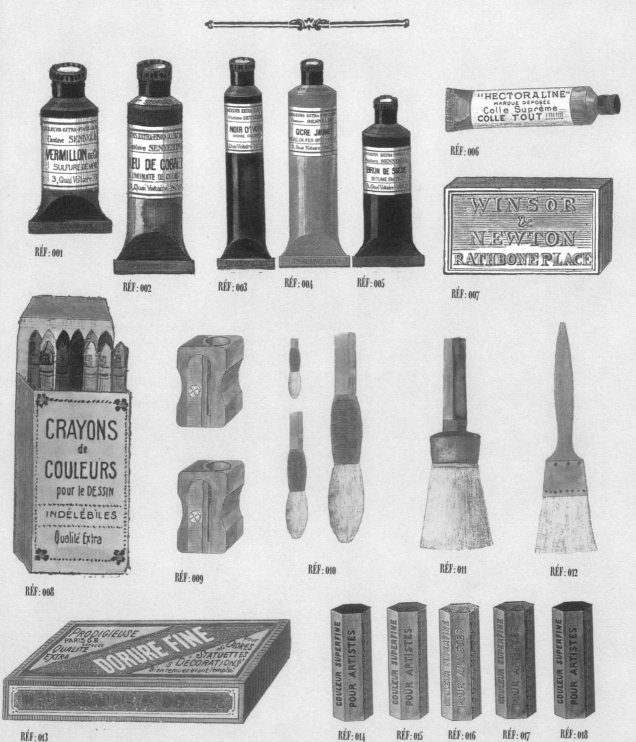

RÉF: 001

RÉF: 002

RÉF: 003

RÉF: 004

RÉF: 005

RÉF: 006

RÉF: 007

RÉF: 008

RÉF: 009

RÉF: 010

RÉF: 011

RÉF: 012

RÉF: 013

RÉF: 014

RÉF: 015

RÉF: 016

RÉF: 017

RÉF: 018

FABRICANT DE COULEURS FINES ET MATÉRIEL POUR ARTISTES.

（專為藝術家服務的精緻顏料器材行。）

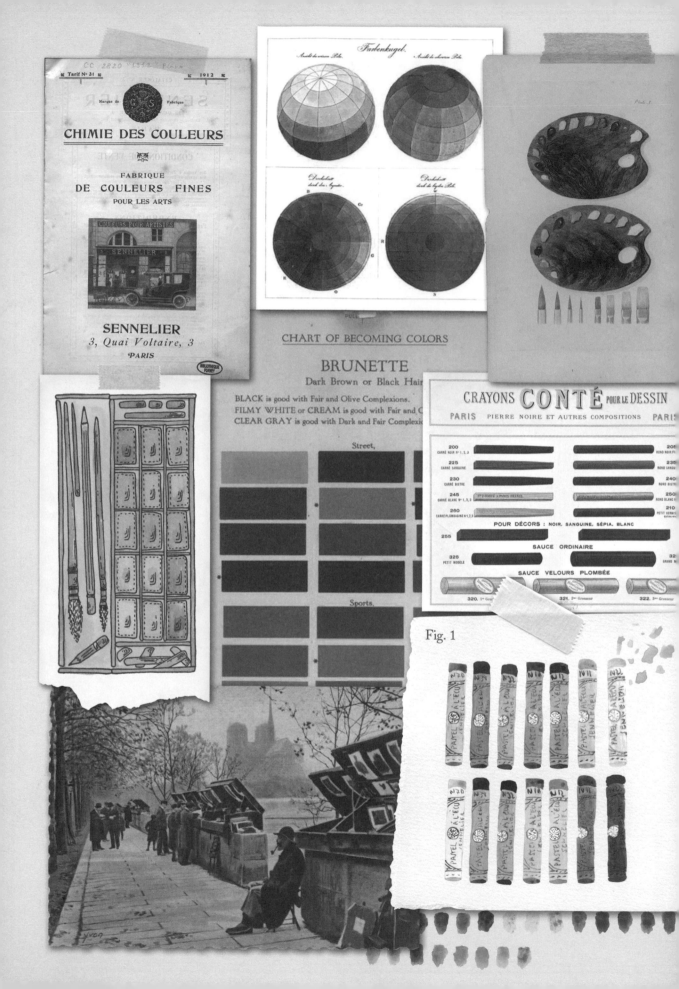

Fig. 2

ACADÉMIE DE LA GRANDE CHAUMIÈRE

大茅舍藝術學院

AU 14, RUE DE LA GRANDE CHAUMIÈRE — PARIS VI[E]

大茅舍藝術學院成立於 1904 年，是蒙帕納斯藝術家們的傳奇性畫室。一直以來，大家可以在此報名參加一種無拘無束的自由繪畫練習，對著裸體模特兒寫生。模特兒先到一個簡單的屏風後面寬衣解帶，然後再就位擺姿勢讓人作畫。鉛筆、木炭條、油畫顏料或壓克力顏料，甚至水彩都能用來呈現模特兒的軀體：在這裡毫無禁忌。巨大畫室的牆壁上掛滿了十幾幅畫，見證奔放多元的泉湧靈感。

雖然老暖爐已經不再劈哩啪啦地發出燃燒木柴的聲響，但它仍然待在大畫室裡，彷彿一個灰色的鑄鐵雕塑。大大小小的老舊凳子疊在角落裡，披掛著多年油彩痕跡的畫架堆在牆邊。光線自玻璃天窗灑進室內，照亮了斑駁的牆壁，溼氣在牆上爬行形成波洛克風格的斑點。對於那些經常光顧這間畫室，並且最為看重這種道地往日氛圍的人來說，重新粉刷牆壁無疑等同於是文化褻瀆。

好幾代著名雕塑家和畫家的幽靈，似乎都捨不得離開這裡。除了布爾代勒（Bourdelle）和查德金（Zadkine）曾經在這裡教過雕塑，最偉大的藝術家都來過這裡：莫迪利亞尼（Amedeo Modigliani）、夏卡爾、賈科梅蒂、布爾喬亞（Louise Bourgeois）、米羅、布菲（Bernard Buffet）、雷捷、趙無極、藤田嗣治、考爾德。還有一個名為呂希安・甘斯柏（Lucien Ginsburg）的害羞小夥子也來過一陣子，他原本打算成為畫家，後來選擇了音樂之路和一個讓他大紅大紫的藝名：賽吉・甘斯柏（Serge Gainsbourg）！

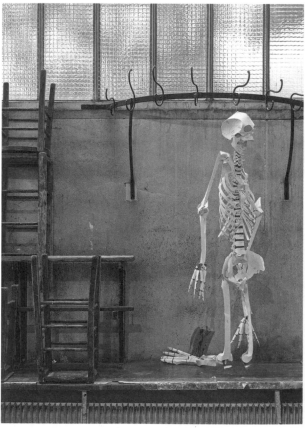

✦ ACADÉMIE ✦
DE LA
GRANDE CHAUMIÈRE

FONDÉE EN 1904
成立於 1904 年

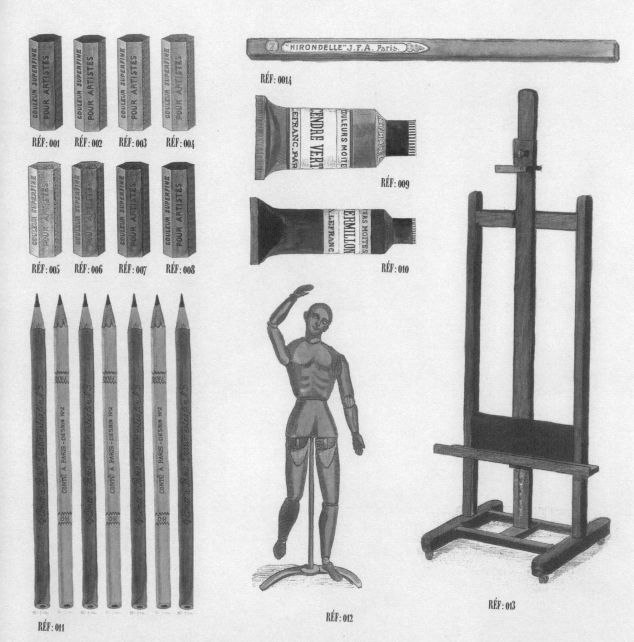

RÉF : 001 RÉF : 002 RÉF : 003 RÉF : 004

RÉF : 005 RÉF : 006 RÉF : 007 RÉF : 008

RÉF : 0014

RÉF : 009

RÉF : 010

RÉF : 011

RÉF : 012

RÉF : 013

14, RUE DE LA GRANDE CHAUMIÈRE

PARIS VIᴱ

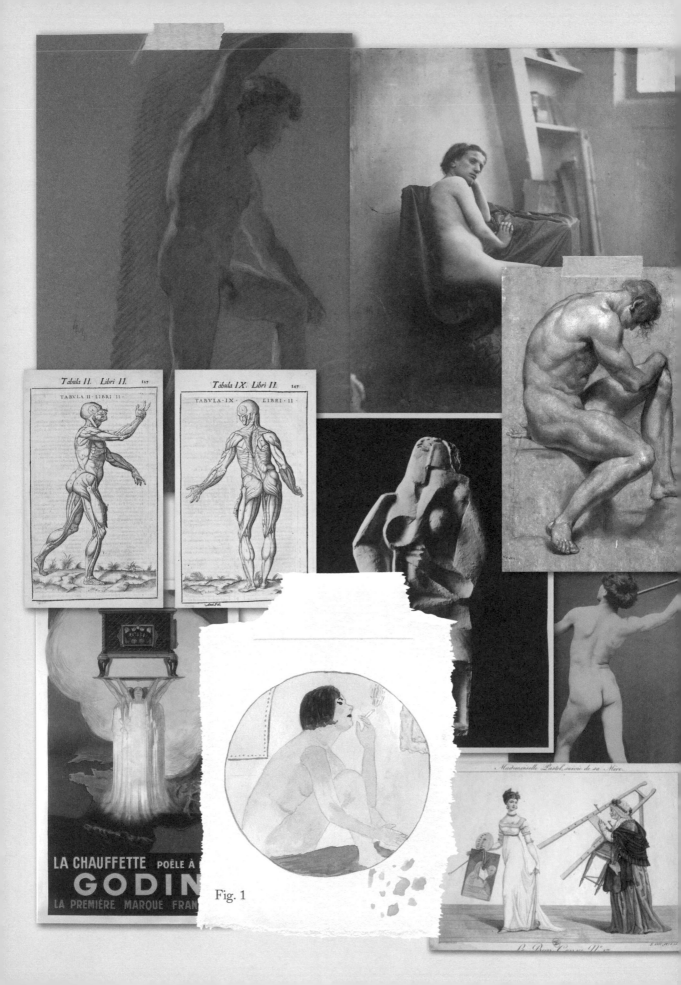

Tabula II. Libri II.

Tabula IX. Libri II.

Fig. 1

LA CHAUFFETTE POÊLE À
GODIN
LA PREMIÈRE MARQUE FRAN

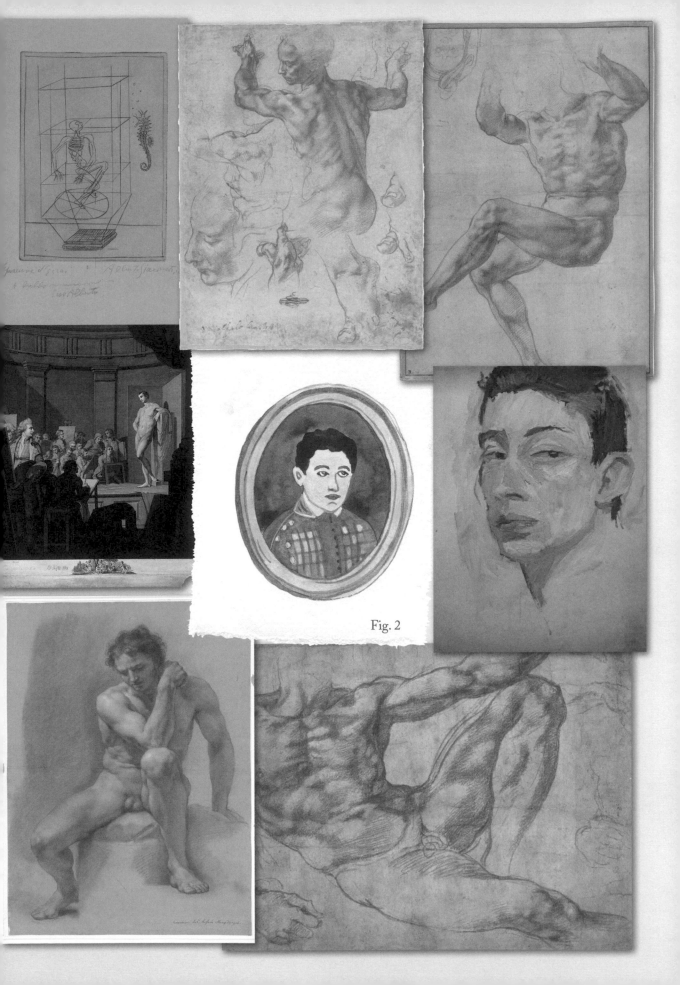

Fig. 2

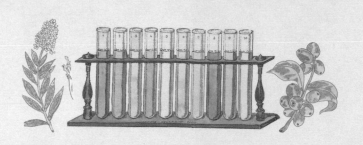

HERBORISTERIE
DE LA PLACE CLICHY

克利希廣場草藥店

AU 87, RUE D'AMSTERDAM — PARIS VIII[E]

這家美麗非凡的草藥店成立於 1880 年，當年的黑底金字古老招牌與最初的優雅黃色門面，完美詮釋歷史巴黎所遺留下的昔日風華。它曾歷經生死存亡關頭，只因 1941 年的一紙法令廢除了草藥師文憑，在那之後，只有藥劑師能販賣醫用草藥（des simples）與俗稱為「好女人」（bonne femme，實為拉丁語「bona fama」〔好名聲〕誤傳）的草藥。

幸好這家草藥店並沒有關門大吉，人們可以隨時前往阿姆斯特丹街（rue d'Amsterdam）八十七號購買植物和草藥店的獨家配方來沖泡、浸泡草藥茶或其他茶飲。草藥都放在白色紙袋中或漂亮的小籃子裡，貼著精緻手工標籤的混合茶飲散發著濃郁的香氣，讓古老的木製陳列架、古董玻璃藥罐、裝飾精美的瓷器藥罐和老式銅製連桿秤似乎也沾染了草藥的芬芳。

這裡提供了數百種草藥配方，舉凡日常生活中的所有小病小痛、消化和循環不良、頭痛、失眠、呼吸系統疾病和其他問題都能在這裡找到良方。通宵狂歡的翌日，喝點對肝臟有益的草藥茶能舒緩充血和疲勞的肝臟。想要肌膚吹彈可破，可以喝點具有滋養作用的小麥胚芽油等油脂，或者治療輕微過敏相當有效的金盞花油。至於三千煩惱絲的護理，可以選擇最經典普遍的乳木果和荷荷巴。

草藥店還提供乾燥花和乾燥草藥來製作百花香罐（pots-pourris），可以放在室內增香除臭。將具有迷人香氣的大馬士革乾燥玫瑰花苞與少量檸檬馬鞭草、薰衣草或薄荷混合；撒上幾片乾燥的金盞花瓣和矢車菊花瓣增添色彩；再加入幾滴喜歡的芳香精油，您就能擁有屬於自己的天然香味百花香罐。

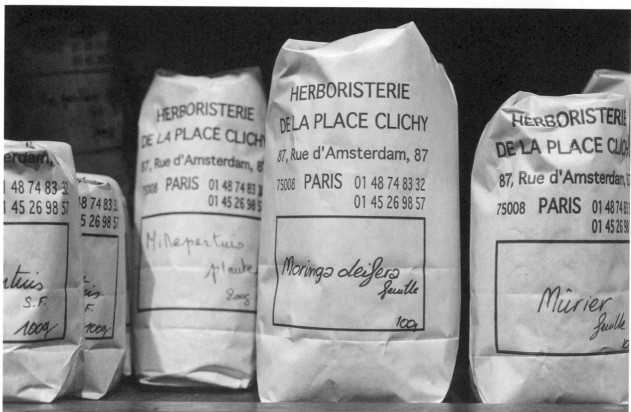

植物

葉子、花朵、根部、樹皮和種子：
全部都可以用來沖泡或煎製草藥茶、製作軟膏、
乳霜、香膏和有益健康的精油。

87
HERBORISTERIE
HERBORISTERIE
Depuis 1880
Tisanes . Préparations . Conseils

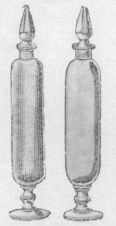

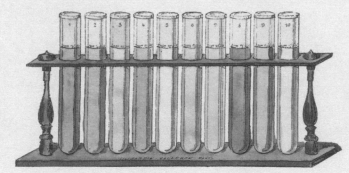

PHILIPPE GILLE

L'Herbier

POÉSIES

PARIS
ALPHONSE LEMERRE, EDITEUR
27-31, PASSAGE CHOISEUL, 27-31
M DCCC LXXXVII

Prunus armeniaca. Linn. Abricotier commun.

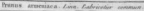

Eucalyptus globulus

Schizanthus pinnatus, HUMILIS.

705 PARIS. — La Place Clichy. — L.L.

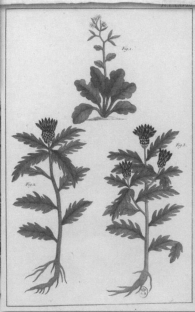

ALTERIVS NON SIT, QVI SVVS ESSE POTEST.

OMNE DONVM PERFECTVM A DEO, IMPERFECTVM A DIABO

AVREOLVS PHILIPPVS THEOPHRASTVS

De
WONDEREN
GODS
in de
minst-geachte
SCHEPSELEN.

J.C. SEPP excudit.

Fig. 1

R. Supp. 506

Entente cordiale
film
d'après l'œuvre
"Édouard VII et son temps"
d'André Maurois, de l'Académie française.

R
506
Supp

FORMULAIRE
DE
HERBORISTERIE

CONTENANT

...de générale du végétal au point de vue
...érapeutique — Récolte — Conservation — Mise
...a valeur des principes médicaux — Adjuvants et
...compatibl...

QUASSIA

Dr S.-E. MAURIN

ANIS VERTS

PRODUITS D'ANTAN
宿昔產物

AU 10, RUE SAINT-BERNARD — PARIS XIE

在聖安托萬市郊區，好些地方仍然栩栩如生地保留著工匠在此努力工作的記憶。例如這家別出心裁的藥品雜貨店就是，而且它即將迎來一百年歷史。招牌上仍然寫著它最初存在的理由：「為墓碑石匠與細木工匠提供專業服務」。內部裝潢保留著一開始的樣貌，仍然是木製家具和格子櫃，裡面放著為專業人士和經驗豐富的居家修繕愛好者提供的形形色色產品。

娜塔莉・列斐伏爾（Nathalie Lefebvre）在 2014 年時，出於熱情成為老闆，她很自豪能夠提供數以千計的產品，舉凡維修、翻新、除垢、拋光，或是讓木材、大理石、皮革、石材、混凝土或金屬──青銅、鋼、銅、黃銅──閃閃發亮的產品應有盡有。一些特殊的產品讓新手躍躍欲試，例如日本水（eau japonaise）是「讓所有漆器和青銅器煥然一新的法寶」，這是聖安托萬市郊區自 1889 年就流傳下來的古老配方；或是能保護金屬免於氧化的玉石油（huile de jade）。

當然也不能忘了赤鐵礦（Hématite）和電氣石（tourmaline），它們跟稀有寶石沒有什麼關係，只是用來讓金屬呈現不同色澤的液體，可以營造黑色、銅色，或是藍色的金屬……而這裡的明星產品之一是墨角蘭（Majoline），一種適用於各種金屬的美容霜，也能用來保養水晶和寶石。

收銀臺後面則堆放著幾十種用途各異的刷子，有絲毛的、金屬的、尼龍的，甚至還有鵝毛！娜塔莉・列斐伏爾還計畫擴展一系列能自己調製的清潔產品：特別是洗衣粉和香皂。歷史悠久的藥品雜貨店即將邁入嶄新時代。

宿昔產物

要清潔、擦亮、拋光和上蠟所有器具，
沒有什麼比多年來久經考驗的產品和工具更厲害的了。

* PRODUITS D'ANTAN *

ENTRETIEN ET RÉNOVATION DES MEUBLES,
OBJETS D'ART ET SOLS

家具、藝術品與地板維修、裝修

RÉF: 001

RÉF: 002

RÉF: 003

RÉF: 006

RÉF: 007

RÉF: 004

RÉF: 005

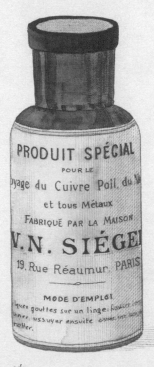

RÉF: 008

10, RUE SAINT BERNARD — 75011 PARIS

Fig. 1

le beau MÉNUISIER ou encore un COPEAU

HISTORIETTE

D'après nature pour l'instruction de la jeunesse. Bilder zum Anschauungs-Unterricht für die Jugend.

MENUISIER.

Habit de Menuisier Ebeniste.

Fig. 2

GRAINETERIE DU MARCHÉ
市場穀物商店

AU 8, PLACE D' ALIGRE — PARIS XIIE

數世紀以來，阿麗格（Aligre）一直是巴黎最大的食品市場，包含市場大廳、水果和蔬菜攤位，以及一大早就有舊貨買家上門的二手貨攤位。遠遠就能看到一面白牆上題寫著：「市場穀物商店：園藝和種子、米、麵、豆類專家」。這家小巧的商店有很長一段時間一直是巴黎最古老的穀物商店，而且內部裝潢在半個多世紀以來一直保存原貌。

根據小道消息，前業主在 1958 年，也就是現代風格的鼎盛時期，在巴黎博覽會上量身訂購了綠色的富美家（Formica）家具。2004 年，喬瑟‧費赫（José Ferré）為這家小店的魅力神魂顛倒，無怨無悔地離開了他以前的工作，買下這家面臨小超市威脅的商店。人們特地遠道而來購買這家店的特產：各種乾燥的豆類，例如卡酥來砂鍋的塔布豆、蔓越莓豆（coco rose）、旺代的白扁豆（Mogette）或蘇瓦松的大白豆；還有貝魯加黑扁豆、普伊綠扁豆、印度扁豆、珊瑚色扁豆；另外是乾燥蠶豆和鷹嘴豆，也別忘了在布列塔尼和俄羅斯一樣流行的蕎麥，在俄羅斯被稱為卡沙（kasha）；最後是來自卡馬格或蘇利南的稻米。

大多數蔬菜和葡萄乾、黑棗、椰棗、無花果等水果乾都是有機的，並以散裝方式出售，香料也是如此。在園藝方面，商店後面擺放著幾袋種子，費赫的妻子將其改造成一個迷人的小舊貨店。店外花盆裡的香茅、香料植物、葡萄藤蔓、幾株紅醋栗與覆盆子爭奇鬥豔，吸引著熙來攘往的顧客。

GRAINETERIE
DU MARCHÉ
Spécialiste en jardinage et graines
種子與園藝專家

RÉF: 001

RÉF: 002

RÉF: 003

RÉF: 004

RÉF: 005

RÉF: 006

RÉF: 007

RÉF: 008

RÉF: 009

RÉF: 010

RÉF: 011

au 8, Place d'Aligre, Paris 12ᵉ

PRICE LIST AND
DESCRIPTIVE CATALOGUE OF
F. BARTELDES & CO.
·1895·
OFFICE 804 MASSACHUSETTS ST.
WAREHOUSES 805 & 807 NEW HAMPSHIRE ST.

Traffic Jam

Fig. 2

762. PARIS — Le Marché de la Place d'Aligre   C. M.

Fig. 1

LIMONE SICIL   AMORE

Mon secret...

LES GRAINES EN SACHETS
LE PAYSAN
en vente ici

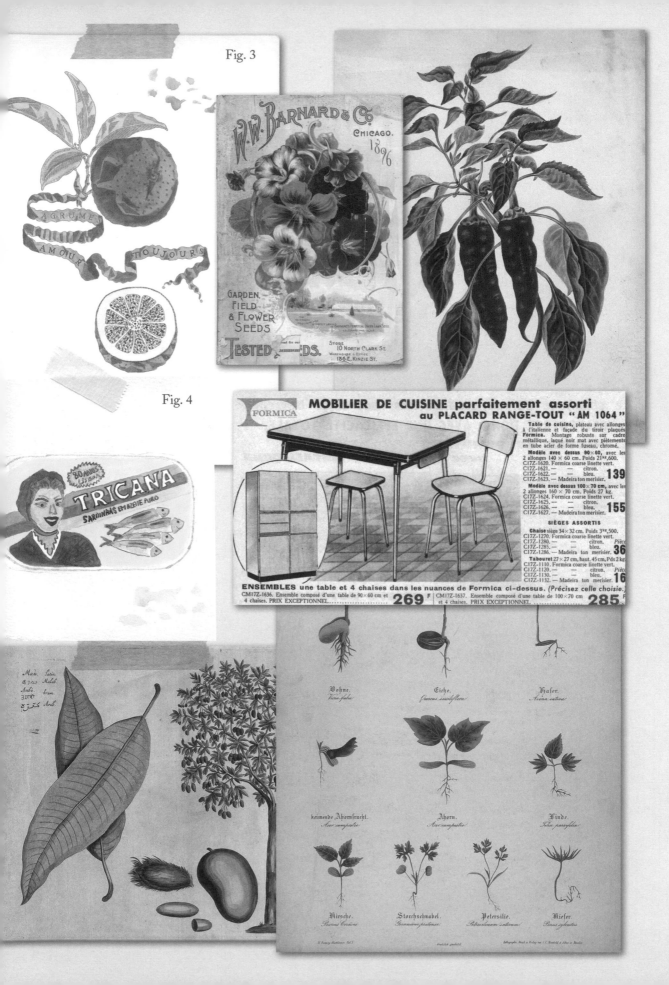

Fig. 3

Fig. 4

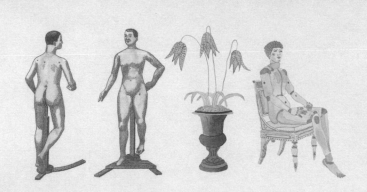

YVELINE ANTIQUES
伊芙琳古董店

AU 4, RUE DE FURSTEMBERG — PARIS VI[E]

自 1954 年以來，不管是舊貨買家、閒晃散步的人或只是好奇的人經過離德拉克洛瓦（Delacroix）工作室咫尺之遙的迷人福斯坦堡廣場（Place Furstemberg）時，都會在伊芙琳古董店的櫥窗前停下腳步，櫥窗裡有一些一動也不動的奇怪人偶在擺姿勢——例如深色木頭雕鑿的活動人偶或是蒼白的義大利 Capipote 人偶，這些木製聖母像或聖徒像都是為了宗教遊行製作的，整體盈溢著長年的信仰與希望。

雅佳特・杜希厄（Agathe Derieux）在 2013 年接管了祖母伊芙琳・勒瑟夫（Yveline Lecerf）的店鋪。她在孩童時期，經常在週六和祖母在此消磨時光，這些房間就像童話裡的城堡客廳，有水晶吊燈、巴洛克式燭臺、多面斑駁的鏡子和充滿柔和眼神的肖像，與訪客進行著無聲的對話。

多年來，雅佳特在祖母薰陶之下受益匪淺，尤其是對人形物件的品味：「我喜歡一切能讓我想到人的事物，以及人所代表的具象。」像伊芙琳一樣，她特別喜歡畫家的人體活動模型，深藏在記憶中的地方，神祕、有時令人不安。

這些由嚴謹的工匠大師精心製作的活動人體模型，自十六世紀開始就被廣泛使用，在十八世紀是全盛時期。它們的木製肢體由一個巧妙的內鉤和繩索系統互相連接，可以擺出各種姿勢，甚至手指和腳趾尖的細部動作也能呈現。後來，這種人偶開始大量生產，即使在今天，雅佳特所收藏的這些精巧小人偶仍然不斷綻放魅力。

希臘雕像

直到十九世紀末期，
希臘的雕像和半身像一直是雕塑家的理想模型。
羅馬人從古代就開始就臨摹，
而且長達幾個世紀，這種美的原型歷久不衰。

YVELINE

ANTIQUES

RÉF: 001

RÉF: 002

RÉF: 003

RÉF: 004

RÉF: 005

RÉF: 006

RÉF: 007

RÉF: 007

RÉF: 008

RÉF: 009

The Insensible Perspiration

Published as the Act directs, June 10, 1794, by E. Sibly.

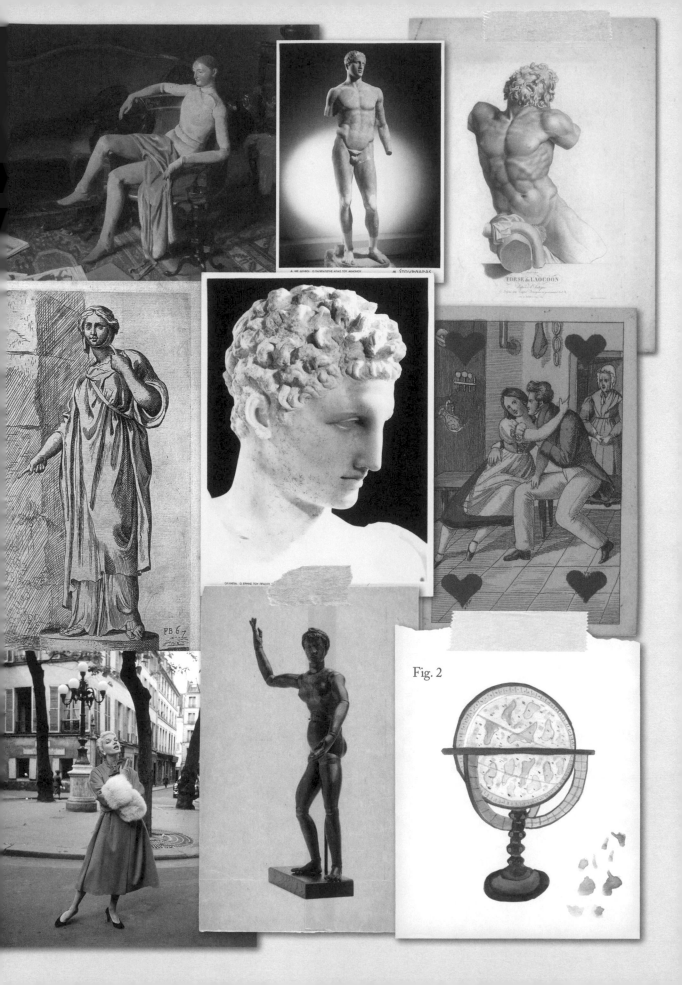

Fig. 2

♥

感謝
—

所有本書提到的商店主人，
以及鼓舞他們堅持下去的熱情。
介紹完美編輯 Kate 與 Julie 給我的 Ines，
她們從不錯過我每一次的探險！
Romain，巴黎最好的平面設計師，
擁有經驗老道的犀利眼光。
我的媽媽，因為她對事物的看法與眾不同。
我的妹妹，以及她的寶貴建議。
Alexis，與我共同探索書中
這些地址的史上最佳隊友。

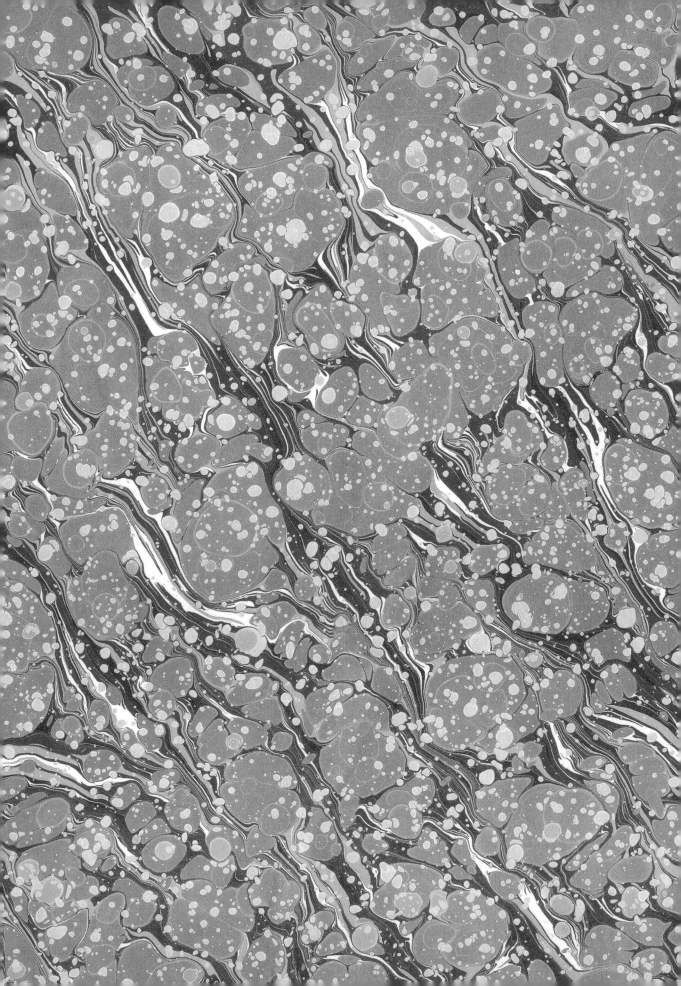

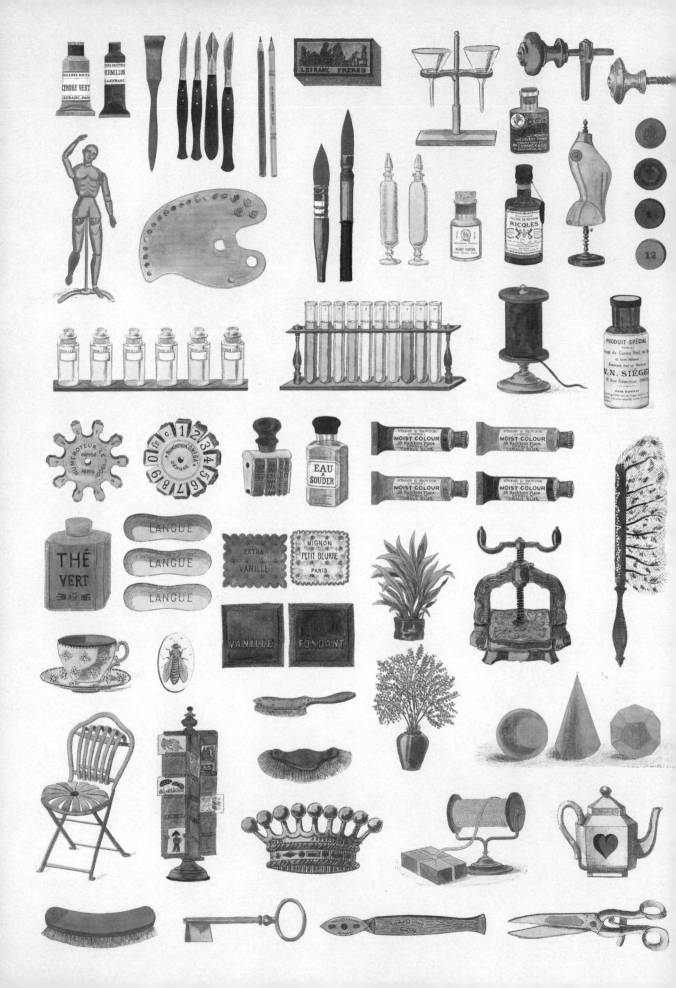

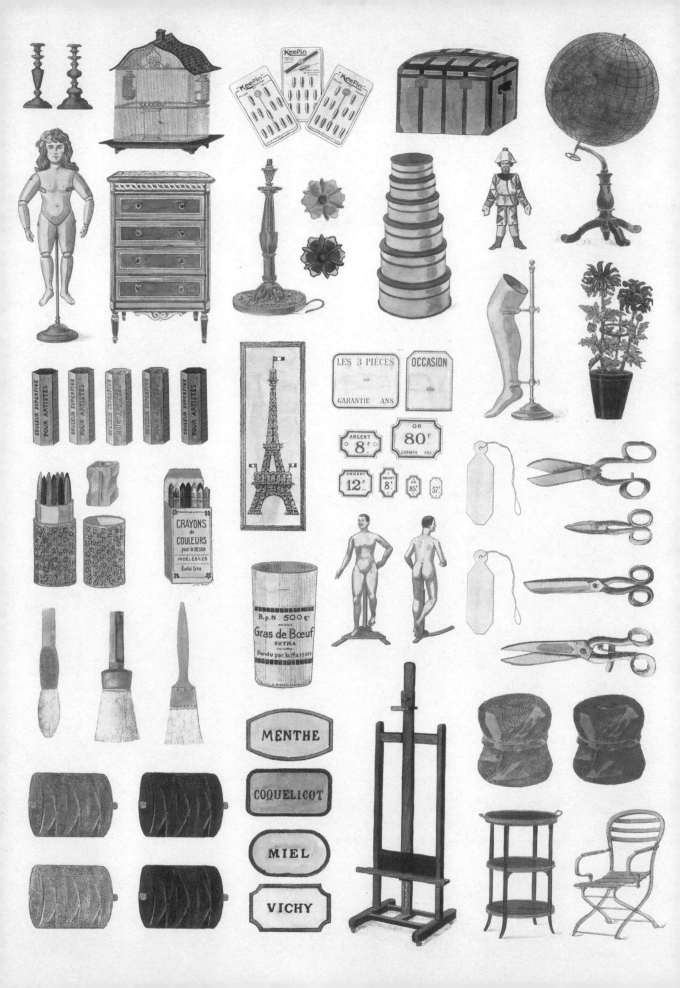